TRAITÉS

DE PHYSIQUE,

D'HISTOIRE NATURELLE,

DE MINERALOGIE

ET DE

MÉTALLURGIE.

TOME PREMIER.

Coupe d'une Mine.

Patte Dir. exit.

L'ART DES MINES

OU

INTRODUCTION

AUX CONNOISSANCES

NÉCESSAIRES POUR L'EXPLOITATION
DES MINES MÉTALLIQUES.

AVEC

*Un Traité des Exhalaisons Minérales ou
Moufettes, & plusieurs Mémoires sur
différens sujets d'Histoire Naturelle.*

AVEC FIGURES.

Par M. JEAN-GOTLOB LEHMANN,
*Docteur en Médecine, Conseiller des Mines de
Sa Majesté Prussienne, de l'Académie Royale des
Sciences de Berlin, & de celle des Sciences utiles
de Mayence.*

Ouvrages traduits de l'Allemand.

TOME PREMIER.

A PARIS,

Chez JEAN-THOMAS HÉRISSANT, rue
S. Jacques, à S. Paul & à S. Hilaire.

M. DCC. LIX.

Avec Approbation & Privilége du Roi.

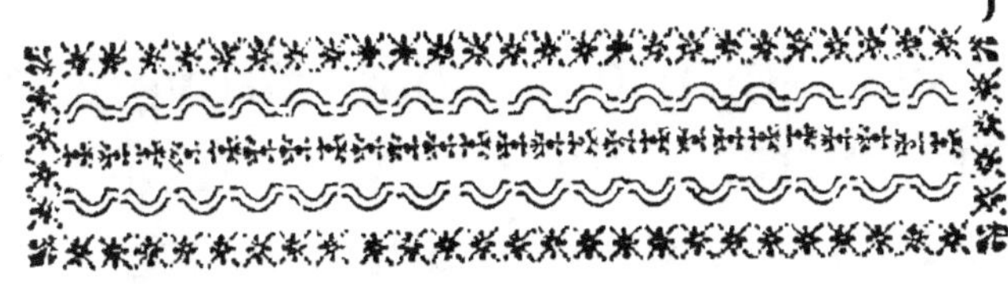

PRÉFACE

DU TRADUCTEUR.

LE travail des Mines a toujours été regardé comme
un objet très - intéreſſant , &
comme une vraie ſource de ri-
cheſſes pour un Etat ; il ſeroit
donc inutile de s'arrêter à en
prouver l'importance. Malgré
les grands avantages qui peuvent en réſulter , la France,
d'ailleurs ſi favoriſée par la nature , ne s'eſt encore occupée
que foiblement des tréſors
qu'elle peut renfermer dans
ſon ſein : cependant comme ,
ſur-tout depuis quelques années,
l'attention du Public s'eſt ré-
veillée ſur preſque tous les

objets d'utilité : tout citoyen doit entrer dans des vûes si salutaires, & contribuer à entretenir un goût dont les suites peuvent être infiniment avantageuses. L'exploitation des Mines est malheureusement une entreprise sujette à beaucoup de dépenses & à de grandes incertitudes ; il est donc essentiel de ne point la tenter sans connoissances préliminaires, & sans se mettre en état de juger avec quelque vraisemblance du fruit que l'on peut attendre de ses peines ; ces risques disparoîtront, ou du moins diminueront, lorsqu'au lieu de travailler au hazard, on sera guidé par des regles fondées sur l'expérience.

Agricola est le seul Auteur qu'on ait pu jusqu'ici prendre pour guide en France ; mais son Traité de Métallique, quoi-

que très-estimable , étant écrit
en latin ne peut être utile qu'à
ceux qui sçavent une langue
qui n'est pas toujours connue
des personnes qui pourroient
s'occuper de l'exploitation des
Mines : d'ailleurs depuis près de
deux siécles que cet Auteur a
écrit , bien des choses ont changé , & l'on a fait un grand nombre de découvertes dans la Minéralogie & la Métallurgie. J'ai
donc cru que le Public verroit
avec plaisir un Traité Elémen-
taire qui fût propre à guider les
personnes à qui il peut prendre envie de s'instruire d'une
matiere aussi curieuse qu'utile.
Les Allemands, qui depuis plusieurs siécles cultivent la Minéralogie avec le plus grand
soin , ne manquent point d'ouvrages en ce genre ; ce goût
fondé sur les avantages qu'ils

en retirent, loin de se rallentir chez eux, semble prendre un accroissement perpétuel. Parmi les ouvrages qui me sont tombés entre les mains, je n'en ai point trouvé qui m'aient paru préférables à ceux de M. Lehmann : on y trouvera de la simplicité, de l'ordre & de la netteté, qualités nécessaires dans des Traités élémentaires, & que l'on ne rencontre pas toujours dans plusieurs autres écrits sur la même matiere.

Toutes ces considérations m'ont fait croire qu'on feroit un accueil favorable à la traduction de plusieurs Traités sur des matiéres assez neuves parmi nous, & qui renferment des observations très-récentes ; elles sont dûes à un Auteur vivant, qui, indépendamment des services qu'il a déjà rendus

à la Physique & à l'Histoire naturelle, nous donne lieu d'espérer que son zéle ne se rallen-
tira point à cet égard. Comme
il y a une liaison nécessaire entre les différens Ouvrages de
M. Lehmann, j'ai cru devoir
rassembler en un corps & publier à la fois des morceaux
qui ont paru détachés, & en divers tems; c'est ce qui a été
exécuté dans les trois Volumes
que j'offre au Public.

LE PREMIER VOLUME com-
prend l'*Art des Mines,* Ouvrage
qui renferme les connoissances
préliminaires dont on a besoin
pour entreprendre avec fruit
l'exploitation des mines & les
travaux métallurgiques. Il n'y
avoit dans l'original Allemand
qu'une ou deux planches assez
imparfaites & très-embrouillées

par la multiplicité des objets qu'on y avoit rassemblés ; on a suppléé à cet inconvénient en substituant de nouvelles planches plus nettes & plus intelligibles, à celles de l'original ; elles suffiront pour donner une idée de l'architecture souterreine, des machines destinées à épuiser les eaux, de celles que l'on employe pour tirer le minerai de la terre, & enfin de celles qui procurent le renouvellement de l'air. L'Auteur terminoit ce premier Traité par une idée sommaire de la Jurisprudence propre aux mines d'Allemagne ; mais on a cru inutile de traduire ce morceau, parce qu'à cet égard les choses sont en France sur un pied tout différent. On a joint à ce Volume un *Traité des Exhalaisons minérales ou Mouffettes,*

ouvrage publié fort anciennement par un nommé Zacharie
Théobald, sur lequel M. Lehmann a fait des remarques
beaucoup plus intéressantes que
le texte même, qui se ressent
du peu de connoissances physiques que l'on avoit au sei-
ziéme siécle. On trouvera à la
fin de ce premier Volume des
extraits de plusieurs Mémoires,
& même des morceaux entiers
que M. Lehmann a publiés en
différens tems sur divers sujets
d'Histoire naturelle.

LE SECOND VOLUME con-
tient un *Traité de la Formation
des Métaux & de leurs minieres
ou matrices.* Dans cet Ouvrage
l'Auteur cherche à dévoiler les
routes cachées que suit la nature dans une de ses opérations
qu'elle prend le plus de soin de

dérober à nos regards. Ce Traité est rempli de faits, d'expériences curieuses & d'observations propres à jetter du jour sur une matiere qui fait une branche si considérable de l'Histoire naturelle. Il parut en Allemand à Berlin en un Volume *in-octavo* en 1753.

DANS LE TROISIEME VOLUME enfin, on trouvera l'*Essai d'une histoire naturelle des Couches de la Terre*; il parut à Berlin en un Volume *in-octavo* en 1756. L'Auteur commence par exposer briévement les systêmes déja connus de Whiston, de Burnet & de Woodward sur le déluge; ensuite il passe à celui de Lazzaro Moro, ainsi qu'à celui de M. Bertrand sur la formation des montagnes; après quoi M. Lehman donne ses propres idées fondées fur les obfervations conftantes & réitérées qu'il a faites par lui-même avec une fagacité finguliere & une conftance infatiguable fur une très-grande étendue de terrein, c'eft-à-dire, depuis les frontieres de la Pologne jufqu'aux bords du Rhin. Ce morceau étant rempli de faits que l'analogie peut rendre applicables à beaucoup d'autres contrées, paroît mériter toute l'attention de ceux qui aiment l'Hiftoire naturelle; & quoique l'Auteur fuive le fentiment qui attribue au déluge la formation des Couches de la terre, fes recherches n'en font pas moins curieufes, & les faits qu'il rapporte ne laiffent pas d'être très-intéreffans. * Dans la Préface

* Voyez la Préface du Traducteur qui fe trouve au commencement du Tome III.

que M. Lehmann a mife à la
tête de ce Traité, il nous donne
un tableau abrégé de la Géo-
graphie fouterreine des Etats
du Roi de Prufle, au fervice duquel cet habile Phyficien eft
attaché. Ce Volume eft termi-
né par un Mémoire fous le titre
de *Confidérations Phyfiques fur
la caufe des Tremblemens de terre
& de leur propagation*, publié
à Berlin en 1757. Les accidens
funeftes qui depuis peu ont prefque renverfé totalement la Capitale du Portugal, & vivement
allarmé les quatre parties du
monde, doivent rendre ce
fujet très-intéreffant. L'Auteur,
pour expliquer ces terribles Phé-
noménes, n'a recours ni à l'é-
lectricité, fi fort à la mode de
nos jours, ni au feu central, ni
à d'autres hypothéfes chiméri-
ques ; il les attribue à plufieurs

caufes, & il prouve que les fubftances qui les excitent fe trouvent toujours fort abondamment dans le fein de la terre,
& peuvent être mifes en action
d'une façon très-naturelle.

Le Traducteur a cru pouvoir
joindre à fa traduction un petit nombre d'éclairciffemens &
de notes pour faciliter l'intel-
ligence du texte, & pour jetter
encore plus de jour fur la ma-
tiére.

TABLE
DES CHAPITRES
Contenus dans le Tome premier.

CHAPITRE PREMIER. *Des Mines en général,* page 1

CHAP. II. *Des Montagnes, des Fentes & des Filons,* 8

CHAP. III. *De l'exploitation des Fentes & des Filons,* 83

CHAP. IV. *De la Minéralogie & de la Métallurgie,* 35

Des Terres, 89 & suiv.

Des Sels, 94 & suiv.

Des Substances inflammables, 98 & suiv.

Des Métaux, 102 & suiv.

Des Métaux parfaits, 108 & suiv.

Des Mines ou Minerais, 113

De l'Or, 114

Des Mines d'Argent, ibid. & suiv.

Des Mines de Cuivre, 120 & suiv.

Des Mines d'Etain, 124 & suiv.

Des Mines de Plomb, 127 & suiv.

Des Demi-Métaux, 135 & suiv.

Des Pierres, 142 & suiv.

Les Pierres gypseuses, ou Pierres à plâtre, 146

Les Grais, ou Pierres sabloneuses, 147 & suiv.

Des Pierres feuilletées, 149 & suiv.

Les Pierres figurées, 151 & suiv.

Des Pétrifications, 153 & suiv.

CHAP. V. *De la préparation des Mines*, 158

CHAP. VI. *De l'Essai des Mines*, 167

Essai des Mines d'Or, 180

Essai des Mines d'Argent, 184

Essai des Mines de Cuivre, 186

Essai des Mines de Plomb, 189

Essai des Mines d'Etain, ibid.

Essai des Mines de Fer, 190

Essai des Mines de Mercure, 191

Essai des Mines d'Antimoine, de Zinc, de Bismuth & d'Arsénic, 192

CHAP. VII. *De la Métallurgie, ou fonte des Mines en grand*, 195

De la Fonte de l'Etain, 217

De la Fonte du Plomb, 218

xiv **TABLE.**

Du traitement du Fer, 219

TRAITE' *des Moufettes, ou des Exhalaisons pernicieuses qui se font sentir dans les souterreins des Mines,* 227

EXTRAITS *de quelques Mémoires sur différens sujets d'Histoire naturelle,* 301

I. DISCOURS *sur les moyens de faire une Description du monde souterrein,* 305

II. EXTRAIT *d'une Lettre de M. J. G.* Lehmann *à M.* Christ. Mylius, *de l'Académie de Gottingen, sur la cause des Volcans,* 316

III. EXTRAIT *d'un Mémoire sur les Eaux Minérales de Freyenwalde, sur ses Mines d'Alun, & sur les curiosités naturelles des environs,* 331

IV. EXTRAIT *d'une Lettre sur les Curiosités naturelles du pays de Halberstadt,* 350

V. EXTRAIT *d'un Mémoire sur les Marbres de Blankenbourg & de Langenstein,* 355

VI. Description d'une Roche qui s'eſt changée en une Mine riche en Cuivre, 362

VII. Examen de la Queſtion : Si les Mines ſe forment ou croiſſent encore journellement dans le ſein de la terre ? 380

Fin de la Table des Chapîtres.

FAUTES A CORRIGER.

TOME PREMIER.

PAGE 91. *l.* 2. otefcolle. *lifez* ostéo-
colle.
P. 256. *l.* 16. differtation, *lif.* définition.
P. 346. *l.* 10. convululus, *lif.* convolvulus.
P. 343. *l.* 10. ochinites, *lif.* échinites.

L'ART

L'ART DES MINES METALLIQUES.

CHAPITRE PREMIER.

Des Mines en général.

ES Sciences ainsi que les Arts & Métiers demandent une introduction ou des élémens qui fafsent connoître leurs principes, leurs ufages & les utilités qui en réfultent.

La fcience des mines eft dans ce cas; elle a pour objet toutes les substances qui se trouvent dans le sein de la terre. Au premier coup d'œil elle ne doit paroître qu'un métier vil & méprisable ; en effet ceux qui la cultivent ne semblent s'occuper que de terres & de pierres ; ils n'apportent de leurs atteliers souterreins qu'un extérieur délabré, des mains souillées par le travail, des membres perclus ou endommagés, un tempérament maladif & usé ; ils n'offrent à nos yeux qu'un amas de matieres de nulle apparence : quand ils se montrent au grand jour ils ont le visage enfumé, des habits & des mains noircis par le charbon ; on ne les voit entourés que de débris de pierres & de scories ; souvent ils sont errans & vagabonds parce qu'ils sçavent que la nature peut leur présenter en tous lieux des phénomenes dignes de leur attention. Toutes ces choses semblent rendre la profession de ceux qui travaillent aux mines abjecte aux yeux de la plûpart des hommes accoutumés à ne juger que sur les apparences ; mais les personnes qui, sans s'arrêter à l'écorce, voudront commencer par s'inſtruire des principes ſur leſquels la connoiſſance des mines eſt fondée, en porteront un jugement plus favorable, & verront qu'elle mérite d'être appellée *une ſcience*: en effet, non-ſeulement elle a des principes certains pour s'appuyer dans pluſieurs de ſes parties; mais encore elle demande des réflexions profondes, & ce qu'on y voit peut donner lieu à des conjectures ſur ce qu'on ne voit pas, & conduire à la découverte d'un grand nombre de vérités cachées.

L'objet de cette ſcience eſt très-étendu, & chacune de ſes parties exigeroit un homme tout entier; mais par malheur perſonne ne s'en eſt encore aſſez ſérieuſement occupé. Ce n'eſt pas que nous manquions d'ouvrages ſur les mines, nous en avons pluſieurs; mais je n'ai point juſqu'à préſent trouvé d'auteur qui ait traité cette matiere avec méthode. J'excepte cependant de ce reproche la Minéralogie & la Métallurgie, qui ſur-tout dans ces derniers tems, ont été traitées aſſez méthodiquement

par MM. Wallerius & Woltersdorff.
Il feroit à fouhaiter qu'animé par ces
exemples, quelqu'un voulût donner
le même ordre aux autres branches
de cette fcience.

Quelque difficile que paroiffe cette
entreprife, fi quelqu'un vouloit feulement commencer, les obftacles s'ap-
planiroient. Je conviens qu'il y a
bien des gens qui trouveront qu'il
y a trop de difficultés à acquérir des
connoiffances auxquelles on ne peut
atteindre fans peine, fans danger &
fans travail : mais comme les hommes ont depuis long-tems fait dé-
pendre leur bonheur de la poffeffion
de certains biens auxquels ils ont
attaché le plus haut prix, & comme
c'eft de la poffeffion de ces biens
que dépend le bien-être, non-feulement de quelques particuliers;
mais encore de plufieurs Etats &
Républiques, il n'eft pas furprenant
qu'on s'applique à des connoiffances
dont il réfulte de fi grands avantages; & tout homme qui voudra être
regardé comme citoyen ne croira
point au-deffous de lui de s'occuper

à la recherche d'une plus grande quantité de matieres propres à s'enrichir, auffi-bien que la fociété.

La Lettre d'Athalaric rapportée par Caffiodore Livre X. Lettre III^c. prouve très-bien les avantages qui réfultent du travail des mines ; ce Prince dit en parlant des ouvriers des mines : « *Intrant egentes, exeunt* » *opulenti, fine furto divitias ra-* » *piunt, optatis divitiis fine invi-* » *dia perfruuntur, & foli funt ho-* » *mines qui abfque ulla nundinatione* » *pretia videntur acquirere ; cùm* » *itaque hoc ipfo Judice aurum per* » *bella quærere nefas fit, per ma-* » *ria periculum, per falfitates oppro-* » *brium ; in fua vera natura jufta,* » *& honefta funt lucra per quæ* » *nemo læditur, beneque acquiritur* » *quod à nullis adhuc dominis ar-* » *rogatur.* » Il n'eft pas befoin d'un plus grand nombre de témoignages pour prouver ces avantages ; d'ailleurs l'expérience journaliere fuffit pour nous en convaincre : nous en avons un exemple frappant dans le nouveau luftre qu'ont pris les mines

de Siléfie, fameufes depuis plufieurs
fiécles fous le gouvernement du Roi
de Pruffe notre glorieux Monarque:
mais pour en venir à mon but, j'a-
vouerai qu'il me paroît que l'on fait
affez d'attention aux productions des
montagnes, mais peu de gens ont
confidéré avec affez de foin la mere
qui a porté ces enfans dans fon fein,
les voies par lefquelles elle leur a
porté la nourriture qui leur eft convenable, & la maniere dont elle les
fait parvenir à leur perfection.

Comme je ne me propofe que d'é-
crire en faveur des commençans à
qui j'ai deffein de donner une introduction abrégée à la connoiffance de
l'intérieur de la terre, à la Minéralogie & aux travaux de la Métallurgie, je fuis obligé de commencer
par traiter de la ftructure de la terre,
afin d'apprendre au lecteur comment un terrein doit être difpofé
pour faire naître l'efpérance d'y travailler avec fuccès, à l'exploitation
des mines.

Il ne faut point s'attendre à trouver ici un traité complet de Géomé-

trie fouterreine. MM. Voigtel, Beyer, & en dernier lieu M. d'Opeln ne nous ont rien laiffé à défirer fur cet article; je ne prétends que faire connoître ce qu'on appelle *Filons & Veines métalliques;* quelle eft leur direction, les efpérances que l'on peut concevoir en trouvant de certaines fubftances minérales, &c. Cet objet eft très-étendu & il n'eft pas poffible de donner là-deffus des régles conftantes & qui ne fe démentent jamais: il fuffira de faire voir en général la conduite qu'on aura à tenir lorfque certains cas fe préfenteront. Voilà pourquoi ce que je dis ne s'adreffe qu'à des commençans qui doivent avant tout, fçavoir ce que c'eft que les *fentes,* les *filons,* les *couches,* &c. Il eft à propos qu'ils defcendent en même tems dans les fouterreins des mines; ils ne peuvent s'en faire une idée en demeurant à la furface de la terre; les routes qui conduifent à ces demeures profondes font des *bures* ou puits, qui partent de la furface de la terre pour defcendre dans fon intérieur : c'eft

une opération pénible qui demande
de la force dans les bras, & des pieds
bien aſſurés ; ce ne ſont que des échelles placées perpendiculairement qui
ſervent à conduire, non ſans peine
& ſans danger dans ces atteliers ſouterreins. *Voyez la Planche I. ou Frontiſpice A B.*

CHAPITRE II.

Des Montagnes, des Fentes & des Filons.

Nous allons maintenant entrer en matiere, & nous examinerons le terrein propre aux mines ; mais avant que de voir une
mine, conſidérons la poſition du
pays que nous avons à connoître.
Si nous regardons les montagnes &
la maniere dont elles ſont enchaînées,
(car celles qui ſont iſolées & détachées ne promettent pas d'abondantes mines,) nous trouvons qu'on doit
les diviſer en *antérieures*, en *moyen-
nes* & en *hautes* : on appelle *mon-*

tagnes antérieures, celles qui commencent à s'élever peu à peu en venant de la plaine, & qui ont par conséquent une plaine devant elles, & un terrein qui va en s'élevant derriere elles: ce terrein quand il a de l'étendue fe. nomme *montagne moyenne*; mais lorfque la montagne eft parvenue à fa plus grande hauteur, & commence à s'incliner ou à redefcendre, on la nomme dans cette partie *montagne haute*. Plus la pente d'une montagne eft douce en s'élevant, eu égard à fa hauteur, vers fon fommet, plus on a lieu d'efpérer qu'on y trouvera des métaux, & de préfumer qu'elle eft propre à leur formation : ce principe n'eft pas fans fondement; en effet, plus ces montagnes occupent d'efpace en montant, plus on a lieu de fe flatter d'y trouver des filons qui continuent long-tems à être en bon état; c'eft ce qu'il faut fur-tout obferver dans les filons par couches & dans ceux qui font les plus paralleles à l'horifon.

Une montagne qui s'éleve brufquement & qui redefcend de même, eft ordinairement compofée, foit d'une roche dure, foit de grais, foit d'une autre pierre non métallique, ou bien elle eft compofée de fragmens ou d'une roche brifée; les lits de pierre qui s'y trouvent ne font point continus & ne paroiffent avoir pris de la liaifon que par la longueur du tems. Ces fortes de montagnes ne méritent pas qu'on les travaille pour l'exploitation des mines. En effet, 1° comme elles font pleines de fentes & de crevaffes, il faut néceffairement que les eaux de la furface de la terre & les impreffions de l'air s'y faffent fentir, & troublent la nature, tandis qu'elle eft occupée à la formation des métaux. 2° S'il s'étoit par hazard formé une petite quantité de métal dans une montagne de cette efpéce, il en couteroit infiniment pour les charpentes & les étais qu'on feroit obligé de faire pour foutenir une roche brifée dans toutes fes parties; & quand même on viendroit à bout à force de dépenfes & de maçonnerie de remédier à ces inconvéniens, on courroit rifque, 3° de parvenir juf-qu'à la fin du filon fans avoir trouvé de quoi retirer fes frais, parce que ces fortes de montagnes redefcendent auffi brufquement qu'elles fe font élevées.

Lorfqu'on a trouvé une monta-gne telle qu'on fouhaite, & dont la pente eft douce, il faut examiner fa pofition par rapport au foleil; cet aftre qui échauffe toute la nature, fait auffi fentir fa chaleur jufqu'aux corps renfermés dans l'intérieur de la terre; il produit cet effet plus fortement lorfqu'il peut luire pendant toute la journée fur le terrein qui les renferme. En effet, nous remarquerons que l'or qui eft le premier & le plus parfait des métaux, fe trouve par préférence dans les climats les plus chauds; on en voit la preuve à la côte d'Or en Guinée, dans le Mexique & dans la Péninfule de l'Inde : on m'objectera peut-être l'exemple de la Hongrie; mais on fçait que dans ce pays, les journées font auffi chaudes que les nuits font froides. L'argent, le

A vj

cuivre, le plomb réſiſtent plus au froid dans leur formation, & l'on en trouve en Allemagne, & même dans les pays les plus ſeptentrionaux, tels que la Suéde, la Norwége, la Ruſſie, &c. L'étain ſeul ſemble exiger un climat tempéré, * c'eſt pour cela qu'on ne le trouve gueres, ou même point du tout, dans les pays du Nord. J'ai rapporté toutes ces choſes pour faire voir que le ſoleil agit même dans le ſein de la terre, & contribue à la formation des métaux : il eſt donc important de bien obſerver l'expoſition d'une montagne par rapport au ſoleil.

Il faut auſſi faire attention aux eaux ; en effet, il y a des rivieres qui paſſent au pied des montagnes, & il y a d'autres eaux qui ont leur ſource dans leur ſein : on doit obſerver très-exactement ces dernieres pour voir ſi elles

* Ces regles que M. Lehmann donne ici ſont ſujettes à des exceptions : en effet il nous vient de l'étain des Indes Orientales qui eſt un pays très-chaud, & l'on trouve des paillettes d'or dans un très-grand nombre de rivieres, telles que le Rhône, le Rhin, l'Ariege, la Sala, &c.

font minérales, fi les terres qu'elles entraînent font métalliques, & quel eft le métal dont elles font chargées : cet examen peut faire juger avec affez de certitude de ce que contient la montagne elle-même. Les rivieres entraînent fouvent par la rapidité de leur cours des fragmens & des débris de la montagne, quoiqu'en particules déliées ; elles les charient jufqu'à ce qu'elles rencontrent foit un obftacle foit un coude dans leur lit ; pour lors quand on veut examiner la terre on fe fert avec fuccès de la *febille* ou *fibille*, * & l'on obferve fi le fable qui s'y trouve eft par-tout de la même nature, ou s'il s'y trouve des parties métalliques que l'on effaye alors par d'autres moyens convenables : dans ce cas, on remonte la riviere, & l'on obferve avec exac-

* La *febille* eft une efpéce d'écuelle ou de vaiffeau profond de bois, dont on fe fert pour laver le fable des rivieres, afin de voir s'il contient de l'or ou quelque autre fubftance métallique : l'Auteur expliquera plus loin comment cette opération fe fait, en parlant du lavage des mines.

titude jusqu'à quel endroit on voit de ces traces métalliques dans le sable : lorsqu'on cesse d'en trouver, on a tout lieu de présumer qu'on y rencontrera le filon dont ces fragmens ou ces particules ont été détachés ; alors non-seulement il faut avoir recours aux régles ordinaires qui indiquent la présence des mines, mais encore il faut se servir du niveau d'eau pour voir si l'eau n'incommoderoit pas dans les souterreins en cas qu'on voulût faire un puits ou une ouverture profonde de ce côté-là, & si dans le tems des crues d'eau les ouvrages ne courront point risque d'être inondés ; ou bien il faut examiner si l'on ne pourroit pas tirer parti de ces eaux mêmes pour les lavoirs & les boccards ou pilons que l'on fera dans le cas d'y établir par la suite. Il ne faut point s'attendre à d'autres régles là-dessus, il suffit d'avoir dit en peu de mots la maniere dont un Minéralogiste examine une montagne ; le reste doit s'acquérir par l'expérience & par l'infpection des mines mêmes & fur des deffeins & des plans qui auront été levés avec foin.

J'ajouterai cependant encore ici, qu'avant de confidérer une montagne, il faut d'abord examiner fi l'on aura le bois néceffaire pour les charpentes & travaux à faire dans l'intérieur de la terre & à fa furface : ce point eft un des plus effentiels, car la cherté du bois, les frais du tranfport & du charbon, les dépenfes pour les charpentes, &c. font caufe que chez nos voifins les Saxons, un grand nombre de mines très-riches ne peuvent être exploitées, & plufieurs forges ne peuvent être mifes en valeur, quoique les mines de fer y abondent. Il eft certain que ces inconvéniens font plus de tort qu'on ne penfe à un Souverain, & les Miniftres chargés de fes finances doivent non-feulement prendre garde aux revenus actuels du Prince, mais encore étendre leurs vûes jufqu'à ceux de fes fucceffeurs. *

* En Allemagne les Souverains ont le dixieme du produit des mines qui s'ex-

Si la riviere paſſe auprès d'un endroit où l'on fait des coupes réglées
de bois & où l'on peut faire du flot-
tage, on pourra aiſément remédier
à cet inconvénient.

Après avoir donné ces notions
préliminaires, nous allons deſcendre dans l'intérieur de la terre; ce
qui peut d'abord nous arrêter c'eſt
le défaut de guide: dans les endroits
où perſonne n'a encore fouillé, il
eſt impoſſible de connoître tout d'un
coup l'intérieur des montagnes; il
faut donc avoir recours à différens
moyens pour découvrir ce qu'elles
renferment. Le premier qu'on nous
préſente eſt la baguette divinatoire, *

ploitent dans leurs Etats, & quelquefois
ils s'y intéreſſent encore plus conſidérablement. On ſçait que les mines font une
partie importante des revenus de la Mai-
ſon de Saxe.

* L'Auteur de cet Ouvrage a fait une
Diſſertation Allemande ſur la Baguette
Divinatoire, dans laquelle il prouve la
futilité des préten'us effets de cette Baguette, qui ne ſont fondés que ſur la crédulité du peuple. Cet Ouvrage peut être
utile en Allemagne où bien des perſonnes
donnent encore dans ces ſortes de rêve-

c'eſt une double branche de cou-
drier du jet d'une année; ou bien
d'autres ſe ſervent d'une baguette
artificielle faite des fils entrelaſſés de
tous les métaux fondus, paſſés à la
filiere & tiſſus à un certain jour, à
une certaine heure & avec différentes cérémonies puériles. Mais tant
qu'on ne nous fera point voir l'a-
nalogie intime qui peut ſe trouver
entre une baguette de cette eſpéce
& les filons métalliques, ou les mines qui ſont dans le ſein de la terre, on
nous diſpenſera d'ajoûter foi à de pareils ſecrets; il faut donc avoir recours
à d'autres voies, & prendre la peine
de chercher ſoi-même les indications
néceſſaires. Nous trouvons d'abord
vers le bas d'une montagne une pente douce, ombragée par des arbres
touffus, couverte de plantes vivaces,
ornée de fleurs, le terrein en eſt
leger, ſpongieux & fertile. Il faut examiner ſi la terre eſt par-tout de la mê-

ries; cette Diſſertation de M. Lehmann,
eſt inſérée dans le premier Tome d'un Journal Littéraire qui paroît à Berlin ſous le
titre d'*Amuſemens Phyſiques.*

me épaisseur, s'il n'y a point dans quelques endroits des lieux où l'humidité s'arrête ; ce font des preuves certaines qu'il y a des fentes au-deffous ; fi la montagne n'eft que très-peu ou point du tout couverte de terre, ces endroits s'appercevront encore plus aifément.

Mais avant que d'aller plus loin, il faut que je dife ce que c'eft que *fente* & *filon*. On appelle *roche entiere* celle qui eft pleine dans toutes fes parties, fans qu'il s'y trouve d'ouvertures, & qui eft par-tout de la même nature ; fi la roche eft féparée dans quelques endroits, de maniere qu'il s'y trouve un intervalle vuide, cet intervalle fe nomme *fente*, & on dit que la roche eft fendue. Si cette fente eft remplie d'une fubftance minérale différente de la roche, ou fi elle contient de la mine, on la nomme *filon*. On donne différens noms aux fentes auffi-bien qu'aux filons, en raifon de leur rapport avec la bouffole des mines. (*Voyez la Planche II. fig.* 2.) C'eft ainfi qu'une fente ou un filon qui tombe fur 7 ou 8

heures s'appelle *fente* ou *filon tardif*.
Les ouvriers des mines d'Allemagne
diſtinguent auſſi par différentes dénominations les fentes, eu égard à
leurs différentes poſitions, par rapport aux différens points du ciel ; cependant ſouvent les noms qu'on leur
donne déſignent la qualité des ſubſtances qu'elles contiennent : c'eſt
ainſi que, 1° on nomme une fente
noble celle ſur laquelle on trouve des
mines, quand bien même elles ne
ſeroient que ſuperficiellement attachées aux côtés de cette fente : en
effet, pour lors le mineur peut concevoir les eſpérances les plus certaines, que plus il continuera de travailler ſur cette fente, plus il la trouvera chargée de mine, juſqu'à ce
qu'enfin elle ſe perde & ſe change
en un *filon*, c'eſt-à-dire, juſqu'à ce
que ſa capacité ſoit entierement remplie de mine. 2° L'on nomme *fentes
aqueuſes* celles par leſquelles l'eau
paſſe : ſi ce ſont les eaux de la ſurface de la terre qui y paſſent en abondance, ces fentes ne valent rien ;
mais ſi elles donnent paſſage à des

eaux qui viennent de l'intérieur de
la montagne, elles promettent quelquefois qu'on y trouvera de la mine ;
c'est là-dessus qu'est fondée la façon
de parler des mineurs, qui disent :
*Lorsqu'on trouve de l'eau, on trouve
aussi de la mine.* Pour lors ces fortes de fentes ne sont point à rejetter.
3° Les fentes de la plus mauvaise espéce sont celles qui ne sont remplies
ni de mine ni de roche, mais d'une
argille grasse au toucher, & comme
savoneuse, qui est ou rouge ou verte, ou bleue, &c. Ces sortes de
fentes ne promettent rien de bon ;
en effet, elles prouvent que bien
loin d'y produire une minéralisa-
tion, la nature n'a pas même été capable d'y produire de lapidifica-
tion : outre cela ces sortes de fentes
rendent une montagne peu compacte, sur-tout lorsqu'elles sont considérables.

Lorsque les fentes conservent toujours une même direction, jusqu'à
l'endroit où elles se terminent, on les
appelle *fentes régulieres,* mais lors-
quelles changent de cours, ou de

direction ou d'inclinaison, ou bien si
après avoir été en ligne parallele
avec une autre fente ou filon, elles
s'en écartent & prennent une route
oppofée à celle qu'elles fuivoient
auparavant, on les nomme *fentes
irrégulieres* : cela fait voir la raifon
pourquoi les mineurs quand ils n'ont
point de filon décidé, font paffer
pour un équivalent deux ou trois fentes qui ont la même direction, ce
que les officiers des mines ne peuvent défapprouver, attendu que l'expérience fait connoître que toutes
ces fentes doivent fe réunir dans un
certain point, & formeront alors ce
qu'on nomme une *fente capitale*, que
l'on pourra travailler avec profit ; ou
bien fi cela n'arrive pas, on pourra
du moins fe flatter que quelqu'une
de ces fentes fournira une mine qui
méritera d'être exploitée. Lorfque
les Mineurs trouvent une quantité
modérée d'eau dans les fentes, ils
s'en réjouiffent, parce qu'ils fe flat-
tent qu'une fente de cette efpéce
fera remplie de mine vers l'endroit
où elle fe termine, & que c'eft - là

ce qui empêche les eaux de s'écouler au travers , de forte qu'il faudra né- ceffairement qu'elles aillent fe perdre dans les réfervoirs qu'on pratiquera pour les recevoir. On peut regarder comme des fentes de cette efpéce la plûpart des filons qui font accom- pagnés des deux côtés de leur écorce ou liziere nommée *falband* par les Allemands , & qui du refte font rem- plis de mines compactes & d'une bonne qualité , ou du moins de fub- ftances qui donnent des efpérances : telles font le Spath , les Pyrites , &c ; mais lorfque ces fentes font remplies de Quartz & garnies de cryftallifa- tions on n'a point lieu de fe flatter de grandes efpérances ; cela vient de ce que le Quartz & le Cryftal par eux- mêmes font peu propres à recevoir les métaux, & à leur fervir de matri- ces ou de minieres : c'eft auffi pour cela qu'il eft très-rare de trouver des mines d'une bonne qualité dans ces fortes de pierres auxquelles elles ne peuvent s'attacher que fuperficielle- ment ; pour lors on ne retireroit pas fes frais , fi on vouloit les exploiter ; cependant il faut toujours continuer à les détacher, attendu que lorsqu'on les a paffé, on retrouve fouvent plus loin la roche entiere. Quand une fente ou un filon font dans ce cas, les mineurs Allemands difent qu'ils ont donné dans des *Drufen*, * & ces *Drufen* font encore plus fâcheufes quand elles fe trouvent dans des filons effectifs que dans des fentes ; car quoiquelles fourniffent un excellent fondant dans la fufion de la mine, elles mettent pourtant obftacle à la formation des mines dans le fein de la terre, comme on vient de le faire obferver.

Je devrois parler actuellement des *filons*, mais comme pour en juger auffi-bien que des fentes, on a un befoin indifpenfable de la bouffole minéralogique, je vais donner la defcription de celle qui eft le plus en

---

* Le mot Allemand *Drufe* fignifie *glande*, & l'on donne ce nom à des cavités vuides & fouvent tapiffées de cryftallifations, qui fe trouvent quelquefois dans les filons : on croit que ces cavités ont été vuidées, parceque la mine qui y étoit contenue a été détruite ou décompofée.

ufage, c'eft celle que l'on nomme *Bouffole manuelle*, c'eft d'elle dont on fe fert le plus communément, car il y a une autre bouffole qui eft du reffort de la Géométrie fouterreine. La bouffole des mines dont il s'agit ici eft repréfentée par la *fig. 2 de la Planche II.* ce n'eft qu'une boîte ronde qui peut être d'argent, de cuivre jaune, ou d'ivoire, mais non de fer, car cela empêcheroit l'effet de l'aiguille aimantée. Au milieu de la plaque repréfentée dans la *figure 2.* il s'éleve une pointe perpendiculaire *a*, fur laquelle eft pofée en équilibre une aiguille d'acier aimantée *c*, dont la pointe *b* eft toujours tournée vers le nord, à moins que le voifinage du fer ou quelqu'autre caufe ne vienne à lui faire changer cette direction. On adapte un verre blanc fur la boîte pour empêcher la pouffiere de s'y infinuer, & autour de ce verre on met un limbe ou cercle repréfenté dans la figure *d d d*, qui fert à indiquer les heures ; on peut auffi y faire graver, comme on le voit, un quart de cercle *e f*, qui fert à montrer

trer

trer en même-tems les degrés d'inclinaifon des filons ; on nomme *filon incliné* celui qui eft incliné du 50°. jufqu'au 20°. degré ; on nomme *filon couché* celui dont l'inclinaifon eft au-deffous de 20 degrés ; celui dont l'inclinaifon eft moindre que de 5 degrés , s'appelle *filon horifontal.* Le filon qui eft incliné depuis le 90°. jufqu'au 80°. dégré , fe nomme *filon perpendiculaire* ou *droit* , & les Allemands appellent *tonleg* un filon dont l'inclinaifon eft depuis le 60°. jufqu'au 80°. degré. Enfin on adapte fur cette bouffole une regle mobile. Il y a fur le cercle des heures, 24 divifions fur lefquelles on met le nom des heures , fuivant lefquelles on donne auffi différens noms aux filons; c'eft ainfi qu'on nomme *filon debout* celui qui court depuis 12 heures jufqu'à 3. Ceux qui ont leur cours depuis 3 heures jufqu'à 6 , s'appellent *filons du matin* ou *du levant;* ceux qui ont leur cours depuis 6 jufqu'à 9 heures , s'appellent *filons du foir* ou *du couchant.* Enfin les filons dont le cours eft depuis 9 heures jusqu'à 12 heures, se nomment *filons inclinés*. Il est encore nécessaire de faire graver sur le cercle des heures les 4 points du ciel ; sçavoir l'Orient, le Midi, l'Occident & le Septentrion ; afin de pouvoir s'en servir lorsqu'on est hors de la mine. C'est-là l'instrument dont on a besoin pour reconnoître une fente ou un filon, & pour les désigner par le nom qui leur convient. Passons maintenant à l'examen des filons.

Les filons sont comme des veines répandues dans le corps d'une montagne ; elles sont remplies, soit de mines, soit d'autres substances ; elles ont une partie de la roche ou montagne, qui est au-dessus d'elle & qui leur sert de toit ; & une autre partie au-dessous sur laquelle ces veines ou filons sont portés & appuyés. On donne différens noms aux filons, suivant les différentes heures auxquelles elles se rapportent, comme nous l'avons déja dit. Tant qu'ils conservent leur direction & leur dimension on dit qu'ils ont leur *vrai cours* ; mais aussi-tôt qu'ils changent de direction on les appelle *filons rébelles* : tant qu'ils ont leur cours en droiture ils marchent toujours sur la même ligne d'où ils sont partis ; ainsi un filon du matin qui partira du point qui répond à 4 heures du matin quand son cours ne varie point, doit marcher vers la même heure du côté du soir, &c.

Outre les filons dont on vient de parler, il y en a encore une espéce à laquelle on ne peut point proprement donner le nom de filon, c'est ce qu'on nomme *couche* : une couche est une espéce de filon qui ne coupe pas comme les autres la montagne en longueur, mais qui s'étend en largeur ; il y a des couches qui sont fort légeres, d'autres ont des dimensions considérables ; elles ont comme les filons une partie supérieure, ou un toit qui les couvre & une partie inférieure ou *sol*, sur lequel elles sont portées ; c'est-à-dire, les couches se distinguent sensiblement de la roche qui est au-dessus & au-dessous d'elles : lorsque ces couches sont disposées par lits, de maniere qu'entre une foible maſſe de mine il ſe trouve une maſſe d'une autre ſubſtance foſſile, les Allemands les nomment *geſchutte*, ce qu'on peut rendre par couches mêlées. Si on trouve une maſſe de mine qui ait de 5 à 7 verges d'épaiſſeur, les Allemands les appellent *ſtockwerk*, mine en maſſe, (*minera cumulata*), pour lors elles n'ont point de toit ou de partie qui les couvre, ni de ſol ſur lequel elles ſoient portées, c'eſt-à-dire, elles ne ſe diſtinguent point d'une façon marquée de la pierre ou roche qui eſt au-deſſus & au-deſſous d'elles ; mais ces deux parties ſont remplies & occupées elles-mêmes par la mine dont ces maſſes ſont compoſées ; cependant cette régle ſouffre des exceptions, quoique rares, comme on voit à Goſlar au Hartz *. Voilà comment on diviſe les mines eu égard à leur direction.

Conſidérons maintenant comment

---

* Tout le monde connoît les mines du Hartz, elles ſont ſituées dans le Duché de Brunſwick, & appartiennent à l'Electeur de Hanovre & au Duc de Brunſwick.

on divife les filons, en raifon de leur volume : lorfqu'ils font d'une grande force, on les appelle *filons capitaux*; s'ils font minces, on les nomme *vénules* (en Allemand *træmmer*) ; fi ces vénules continuent leur route par deffous une riviere pour aller dans une montagne placée de l'autre côté, on les nomme *vénules oppofées*; (*gegen-træmmer*) : fouvent ces vénules partent & fe féparent d'un filon capital, pour lors on dit que le filon *fe partage en vénules*; fouvent auffi ces vénules marchent ifolées dans une montagne, & peu à peu elles viennent fe joindre à un filon capital, ce qui l'enrichit ordinairement, c'eft-à-dire, le rend plus confidérable & plus chargé de mine ; cela facilite auffi le travail, parce qu'alors on n'eft obligé de travailler que fur le filon principal, fans qu'il foit befoin de s'embarquer dans des dépenfes pour aller courir après les autres vénules qui fe perdent fouvent dans la montagne.

On divife encore les filons, eu égard aux fubftances qu'ils contiennent, en *nobles* ou *précieux*, & en *ignobles* ou *communs*. Les premiers font ceux qui contiennent des mines, ou du moins qui donnent lieu d'eſpérer qu'on en trouvera par la ſuite ; les derniers font ceux qui ſont ſtériles, & ne contiennent que des ſubſtances non-métalliques, comme de la Blende, du *Kneiſſ*, * du Quartz, du Spath, &c. ou bien ces filons ne contiennent que des pierres détachées, de l'argille, &c. Lorſque des filons de cette eſpéce viennent ſe joindre à un filon principal, on dit en lan-

---

* L'on nomme *Kneiſſ* dans les mines d'Allemagne, une eſpéce de roche trèsdure que les ouvriers ont beaucoup de peine à détacher avec leurs outils ; ils ſont très-fâchés lorſqu'ils la rencontrent jointe aux mines ; d'ailleurs ſa qualité réfractaire, ou difficile à fondre, fait qu'elle nuit au traitement de ces mines dans les travaux métallurgiques. Le *Kneiſſ* reſſemble à de l'ardoiſe, mais il eſt beaucoup plus dur & n'eſt point feuilleté comme elle ; c'eſt un mélange de quartz, de mica, de grais, qui forme une roche d'un gris noirâtre : quand on la rencontre on ſe flatte que l'on ne tardera pas à trouver une mine d'une bonne qualité.

gage de Mineur, que *le mauvais fi-lon a dégradé le filon principal.* Lorf-qu'un filon qui ne contient que ces mauvaifes fubftances fe joint aux fi-lons nobles, il arrive affez fouvent qu'il les dérange & leur fait chan-ger de direction ; on dit alors que *le mauvais filon a comprimé le bon.* Souvent le bon filon continue à mar-cher felon fa premiere direction à côté du mauvais filon, & par confé-quent il n'en a été qu'un peu re-pouffé, alors on dit que *le filon a fait un faut.*

Lorfque deux filons marchent à côté l'un de l'autre fans fe joindre, on dit *qu'ils courent parallelement.* Il arrive affez fouvent que des filons vont aboutir jufqu'à la furface de la terre, où on peut aifément les apper-cevoir, alors on dit que le *filon fe montre au jour.* Mais quand un filon fe perd entierement dans la profon-deur d'une montagne, on dit que *le filon fe précipite.* Lorfque deux filons fe coupent à angles droits, on dit qu'ils *font la croix.* Ces fortes de filons font les plus avantageux, &

lorsque cette croix s'enfonce dans la térre les deux filons s'enrichiffent mutuellement. On nomme *filons obliques* (en Allemand *tonlege*) ceux qui ont beaucoup d'inclinaifon, ce qui eft caufe que les tonnes ou feaux dans lefquels on charge la mine ne peuvent point defcendre perpendiculairement par les puits ou bures; c'eft ce qu'indique le mot Allemand qu'on donne à ces filons.

Il me femble que ce qui vient d'être dit fur les fentes & les filons fuffira pour les commençans, en faveur de qui j'ai entrepris cet ouvrage; cela pourra du moins les mettre en état de faire une defcription générale d'une mine; car lorfqu'il s'agit de donner des defcriptions particulieres des mines d'un pays, on ne peut acquérir les connoiffances néceffaires pour cela qu'en les vifitant avec foin, & en levant des plans exacts de ces mines & de leurs fouterreins. Nous allons voir maintenant comment il faut s'y prendre pour élever les bâtimens néceffaires fur les filons après qu'ils ont été fouillés.

Cette fouille fe fait en écartant la terre végétale ou la premiere couche qui eft à la furface, & en examinant, fi fuivant les régles que nous avons données ci-deffus, on découvrira quelques indices de mines.

CHAPITRE III.

De l'exploitation des Fentes & des Filons.

ON A raifon de commencer les travaux néceffaires pour l'exploitation d'une fente ou d'un filon, lorfqu'on le trouve accompagné d'une efpéce de fubftance foffile de bon augure, tel qu'eft un Spath tendre, une blende * qui ne foit point trop ferrugineufe, ou ce qu'on nomme le *Befteg*, qui eft une terre argilleufe très-

* Le Spath eft une pierre calcaire demi-tranfparente, feuilletée & qui varie confidérablement; la *Blende* eft une fubftance ou jaune, ou rouge, ou noire, qui reffemble à de la mine de plomb. L'Auteur expliquera ces termes en donnant la defcription des minéraux.

B v

déliée, ou bien lorfque l'on rencontre dans les fentes des *Guhrs* métalliques, qui ne font autre chofe que des ter-res métalliques , extrêmement atté-nuées par les eaux fouterreines, qui les ont portées dans ces fentes , & qui ont été quelquefois entraînées par elles jufqu'à la furface de la terre.

Ces travaux fe commencent de deux manieres après en avoir ob-tenu la permiffion de l'Intendant des mines , & lui avoir fait connoître l'é-tendue & les mefures du terrein qu'on veut exploiter. La mefure dont on fe fert pour cela s'appelle en Allemand *fundgrube* ; elle fe prend de l'endroit où un filon a été mis à nud , & où l'on a commencé à def-cendre des feaux & des cordes : cette mefure varie pour la longueur & la largeur : en Saxe elle eft de 60 *la-chter* * ou verges , en Hongrie de

* La mefure dont on fe fert dans les mines d'Allemagne s'appelle *Lachter* , elle fait 3 aunes $\frac{1}{2}$ de Drefde , & chaque aune eft de deux pieds ; ainfi la verge eft de fept pieds en Mifnie ; mais cette mefure n'eft point la même par-tout.

28, & dans d'autres endroits de 42 verges. Ce que l'on appelle *Maaſſe*, ou *meſures* dans les mines d'Allemagne, ſont des eſpaces que l'on prend auprès de l'endroit où le filon a été mis à nud, en ſe tenant toujours ſur le même filon ; leur longueur eſt ordinairement de 40 verges, ou même dans de certains cantons, ſeulement de 28. Ces eſpaces n'ont que $3\frac{1}{2}$ verges dans la partie ſupérieure, & autant dans la partie inférieure de la pente de la montagne ; on les nomme *ſupérieurs*, lorſqu'ils remontent la montagne, & *inférieurs*, quand ils vont en deſcendant.

Pour lors on va chercher le filon, ſoit par le moyen des *bures* ou *puits*, ſoit en faiſant des *percemens* ou *galleries* : nous allons parler de ces deux choſes. Si l'on perce un puits de haut en bas, il faut d'abord ſçavoir à quel uſage on le deſtine ; ſi c'eſt pour deſcendre dans la mine, pour faire monter le minerai, pour épuiſer les eaux, ou pour renouveller l'air. Les puits de la premiere eſpéce ne ſe font qu'afin de pouvoir deſcen-

dre dans l'intérieur de la terre à l'aide des échelles. Il est rare qu'on ait
des puits pour cet usage seul ; ils sont
ordinairement joints ensemble pour
différens usages à la fois , par exemple , pour épuiser les eaux & pour
tirer la mine ; parce que , comme on
doit toujours avoir l'œil à ces puits ,
on est par-là à portée de s'apperce-
voir des réparations qui peuvent être
nécessaires aux charpentes , &c. Lorsque deux puits sont réunis , on donne ordinairement à leur ouverture la
longueur d'une verge & demie (neuf
pieds & demi ,) & la largeur d'une
demi - verge ($3\frac{1}{2}$ pieds) ou d'un
peu plus. Pour former ces puits , on
commence par ôter la terre végétale ,
& on la range de côté , suivant la
longueur & la largeur qu'on veut
donner à son puits ; on détache ensuite
la roche qui est au-dessous à coups de
pioche , de ciseau , ou bien avec d'autres outils de fer , ou lorsqu'elle est
trop dure , on la fait sauter avec de la
poudre à canon : nous aurons occasion de dire plus bas comment cela
se pratique.

Quand on eſt venu au point de ne pouvoir plus ſe débarraſſer avec la main de la roche qu'on a détachée, on eſt dans l'uſage de placer un tourniquet à l'entrée du puits ; cela ſe fait en mettant des deux côtés de ſon ouverture des jumelles ou appuis de bois très-forts, ſur le haut deſquels on enfonce perpendiculairement des empoiſes qui ſont ouvertes par le haut, afin de recevoir les tourillons de fer qui ſortent des deux extrémités du tourniquet, qui eſt un cylindre de bois : & afin que ces tourillons puiſſent ſe mouvoir avec facilité, on attache autour du cylindre une corde, aux deux bouts de laquelle on met deux ſeaux qui ſervent à tirer la mine & la pierre qu'on a détachée dans les ſouterreins ; un ouvrier eſt deſtiné à faire aller le tourniquet, ce qu'il fait en tournant la manivelle qui eſt adaptée aux tourillons : par ce moyen il tire tout ce qu'on a mis dans les ſeaux qui ſont au bout de la corde ; on deſtine une place tout auprès du tourniquet pour y vuider les ſubſtances qu'on a fait monter au moyen des feaux. Cet endroit fe nomme *le magafin*. Pour garantir les ouvriers de la pluie, de la neige ou du vent pendant qu'ils travaillent, on éleve au-deffus de l'endroit où eft placé le tourniquet un angar ; c'eft une cabane formée de planches, qui n'a rien de remarquable, finon qu'on la place communément fuivant la direction du filon fur lequel on a defcendu le puits ; c'eft-à-dire, que fi , par exemple , le filon marche fous terre vers l'Orient ou vers l'Occident, on place auffi la cabane ou l'angar dans cette direction. Le puits par lequel on retire les feaux de la façon qui vient d'être décrite fe nomme *puits* ou *bure à tirer* ; celui par lequel les ouvriers montent & defcendent, eft ordinairement tout à côté du premier. Ces puits font ou fimplement percés au-travers du roc , ou ils font revêtus d'une charpente ; ce qui fe pratique le plus communément, fur-tout pour peu que les puits aillent obliquement ; car fans cela les feaux pourroient fouvent s'arrêter en montant

ou en defcendant. On revêt le puits
d'une charpente, foit pour lui-même
afin d'empêcher l'éboulement des
terres & l'écroulement des roches, &
pour le rendre plus durable , foit
pour faciliter la montée & la defcente des feaux , foit enfin pour la com-
modité des ouvriers. *Voyez la Planche I. C C.*

Avant que de parler de la maniere dont fe conftruit la charpente,
il faut avertir le lecteur que les deux
côtés les plus courts du puits qui eft
un quarré long, s'appellent les *petits
côtés*, nous aurons occafion d'en parler plus d'une fois. La conftruction
de la charpente fe pratique de différentes manieres , fuivant l'exigence
des cas : on fait entrer à force des
folives qui vont d'un des petits côtés
à l'autre , & on les affujettit avec
foin , après quoi on place par-deffus
d'autres folives de bois équarri , qui
ont toute la largeur du puits , afin de
retenir en tout fens la fubftance ter-
reufe ou pierreufe de la montagne ,
& pour empêcher la terre & la pierre
de s'ébouler , & le puits de fe com-

bler ; ou bien on retient encore la terre au moyen d'un chaffis quarré ou d'une boîte faite avec des pieces de bois très-fortes , qui s'affemblent les unes dans les autres , ce chaffis eft en état de réfifter pendant fort long-tems à la preffion de la montagne. Le puits dont la coupe eft repréfentée dans la *Planche I*, qui eft au frontifpice , eft garni d'un chaffis de charpente de cette efpéce : on garnit auffi quelquefois les puits ou bures avec des planches ou madriers.

Les puits qui fervent à tirer la mine font auffi communément revêtus de lattes qui font attachées les unes aux autres, dans leur longueur, par des cloux qu'on recouvre de feuilles de tôle ou de lames de fer , afin de faciliter la defcente des feaux : ces lattes font attachées à des morceaux de bois affujetis & pofés en travers à l'entrée du puits. Sur ces lattes on attache des planches afin que les feaux ne rencontrent aucun obftacle ; mais pour empêcher que les feaux en montant ou en defcendant ne viennent à fe rencontrer, on forme au milieu du conduit pratiqué avec des planches une efpéce de féparation ou de cloifon avec des lattes; cette cloifon fait que les feaux reftent toujours à une certaine diftance les uns des autres. Pour garantir de tout accident les perfonnes qui defcendent ou qui montent par ces puits, on pratique encore à un des côtés du puits une féparation faite avec des planches qui s'emboîtent dans les folives équarries dont le puits eft revêtu; par ce moyen on eft à l'abri des inconvéniens qui arriveroient, fi lorfqu'on tire un feau rempli il venoit à en tomber quelque chofe, ou fi la corde venoit à rompre; ce qui feroit retomber le feau dans l'endroit où on le remplit fous terre.

Le puits deftiné à monter & à defcendre, fe conftruit de la même maniere, avec la feule différence qu'on le garnit d'échelles, dont chacune, fuivant l'ufage des mines d'Allemagne, a 12 aunes ou 24 pieds de longueur, elle eft compofée de 24 échellons, qui font à un pied de diftance les uns des autres ; ces échellons font affujettis dans les deux longs morceaux de bois qui en forment les côtés ; les échelles s'attachent au haut du puits par des crochets, & tiennent au chaffis quarré qui eft à fon entrée, dans lequel on enfonce un crampon auquel ceux qui commencent à defcendre dans la mine peuvent fe tenir. Lorfqu'on eft parvenu à une certaine profondeur dans des endroits où il n'y a que du roc vif, auquel on ne peut point commodément attacher les échelles par des crampons, on accroche plufieurs échelles les unes aux autres par des crochets qui font à leurs extrémités, & qui ont la forme d'une *S*.

Tant que le puits defcend en ligne droite, & fans aller en pente, & tant qu'on peut en tirer un feau avec une corde, on nomme le puits, *puits de jour* ; mais fouvent différentes circonftances font caufe qu'on ne peut plus faire aller un puits perpendiculairement, alors on forme un pallier ou un efpace affez grand pour pouvoir y placer un second tourniquet qui doit fervir à un nouveau puits ; ce pallier qui fe nomme *hornftadt* en Allemand , doit être affez fpacieux pour recevoir deux ouvriers qui puiffent faire marcher le tourniquet , & pour pouvoir y faire un amas de mine ; il faut auffi que ce fecond tourniquet ne foit point placé précifément au-deffous du premier puits , attendu que les ouvriers qui y travaillent feroient expofés à être bleffés par ce qui pourroit tomber fur leurs têtes. *Voyez la Planche I. ou Frontifpice , F.*

Il nous refte à parler des puits dans lefquels on fe fert d'une machine à moulettes pour tirer la mine; on les fait , & on les garnit d'une charpente comme toutes les autres efpéces de puits , avec la feule différence que ces machines à moulettes font mifes en mouvement & tournent par le moyen du vent , de l'eau ou des chevaux. Elles ont l'avantage de pouvoir tirer un poids plus confidérable, & d'une profondeur plus grande que les tourniquets dont nous avons par-

lé. Nous allons décrire celles qui
font mues par des chevaux, comme les plus ordinaires ; cette machine eſt conſtruite de la maniere ſuivante : *Voyez la Planche II. Figure* 1.
On forme une cuve de bois au milieu
du terrein qu'on a choiſi pour y placer
la charpente ou l'angar qui couvre
le puits : dans cette eſpéce de cuve
on place un billot de bois très-fort,
au centre duquel on fait un trou ova-
le , dans lequel on adapte une cuvette de fer pour recevoir le pivot *A*
de l'aiſſieu *B* ; cet aiſſieu eſt un morceau de bois très-fort , au haut duquel aboutit la lanterne *C*, qui n'eſt
autre choſe que des petits morceaux
de bois placés circulairement autour
de l'aiſſieu , à une certaine diſtance
les uns des autres ; c'eſt autour de
cette lanterne que s'entortille la chaîne de fer *D*, à laquelle ſont attachés
les ſeaux qui ſervent à tirer la mine
du fond des ſouterreins : cette chaîne de fer eſt portée par deux appuis
E E, où deux fortes poutres de bois
qui la font aller par - deſſus le puits
F, au-deſſus duquel on ne peut point

Fig. 1.
X
D
B
E E
F
A

Fig. 2.
40 50 60 70 80 90
30 9 10 11 12 1 2 d
20 No b
8 c
10 7
O. a
O.
6
c
d 3
d
m

précisément placer l'angar ou le toit X ; & chacun des deux bouts de cette chaîne, c'eſt-à-dire, la partie qui deſcend & celle qui monte, paſſe ſur un cylindre particulier pour entrer dans le puits, ce qui fait qu'elle deſcend & monte plus perpendiculairement ; ces cylindres ſont aſſujettis à la charpente du puits. Au bas de l'aiſſieu, mais plus haut que la cuvette, il y a des bras, c'eſt-à-dire, des pieces de bois 1, 1, qui traverſent l'aiſſieu, c'eſt à leur extrémité qu'on attache des palonniers 2, 2, auxquels on attache les chevaux qui font aller la machine. Il y a encore ici un morceau de bois fort peſant, garni de pointes de fer, qu'on nomme le *chien*, il eſt ſuſpendu à la machine à moulettes, ſert à arrêter tout d'un coup le travail, parce qu'en le laiſſant tomber les pointes s'enfoncent dans la terre de l'aire *. Dans de certains endroits on ſe ſert au lieu de *chien*, d'une eſpéce de roue dentée ; mais alors il faut que la ma-

* Cela n'a pu être repréſenté dans la Planche que ces petits détails auroient pu rendre trop confuſe.

chine soit différemment disposée. On se sert de 2, 3 ou 4 chevaux pour faire tourner la machine à proportion du poids que l'on a à tirer ; & celui qui fait marcher les chevaux a une banquette pour s'asseoir.

La pierre ou roche inutile qui se tire de la mine se met en tas à peu de distance de la cabane, afin que les ouvriers n'ayent pas trop loin à aller avec leurs brouettes. La mine ou le minerai qui a été tiré de la terre se conserve dans la cabane même ou dans un angar, ou magasin destiné à cet usage, qui est plus grand que celui qui est au-dessus du puits : En Allemagne il est destiné au logement d'un officier des Mines, qu'on nomme le *gardien*, ou d'un ouvrier : ce lieu sert aussi à rassembler les ouvriers, & c'est où on en fait l'appel après la priere ; c'est aussi dans cet endroit que l'on renferme les outils des mineurs, & c'est-là qu'on les leur distribue ; c'est encore près de-là que font les serruriers, destinés à faire ou à réparer les outils de fer & d'acier dont on a besoin pour l'exploitation de la mine.

Voyons maintenant ce qui se passe dans l'intérieur de la terre. La premiere chose qui se présente est ce qu'en Allemand l'on nomme *Strecke* ou *boyau*, c'est un chemin semblable à une gallerie que l'on pratique tout droit sous terre : *Voyez la Planche I. ou Frontispice, D D*; ces boyaux servent, soit à chercher des filons, soit à faire écouler les eaux, & les conduire jusqu'à la machine destinée à les tirer de la mine, soit à conduire le minerai jusqu'à l'endroit où on le rassemble. On fait aussi assez souvent de ces boyaux pour y placer une machine à eau, quand différentes raisons déterminent à ne point placer cette machine ni la roue qui la fait mouvoir, directement au-dessus de l'endroit où les eaux se rassemblent : on forme aussi de ces boyaux en pleine roche, on les garnit de charpente, & de distance en distance on place des étais composés de deux pilliers joints par une traverse semblable au linteau d'une porte ; ces étais assujettissent des madriers qui empêchent que les pierres ne tom-

bent dans le paſſage & ne l'embar-
raſſent. Souvent on fait ſervir ces
boyaux à la conduite des eaux ; pour
lors on forme ſur le ſol un conduit
ou une auge avec des planches aſſemblées ; cela ſe pratique lorſqu'il y
a des puits qui ſont dans l'endroit
où eſt le boyau , ou lorſqu'on tire
de la mine au-deſſous de cet endroit,
parce qu'alors il ſeroit à craindre que
ſi l'eau paſſoit ſur le ſol même de ce
boyau , elle n'incommodât pour les
travaux qu'on a à faire ; mais quand
on n'a point à craindre cet inconvénient , on forme dans le bas du boyau
un conduit que l'on couvre avec des
planches aſſemblées , afin de pouvoir
paſſer & repaſſer librement par-deſſus. L'extrémité du boyau au-delà
duquel on ne peut plus aller, s'appelle (*Orth*) ou *cul-de-ſac*. Souvent on
deſcend des puits ſur ces boyaux
pour le renouvellement de l'air , ſur-
tout lorſqu'ils ſont à une grande profondeur au-deſſous des galleries ;
lorſque ces puits ſont au-deſſus des
galleries , on les nomme *bures* ou
puits à air ; lorſqu'il n'y a que très-
peu

peu d'air dans les mines , on y en fait
entrer au moyen de tuyaux quarrés ,
faits avec des planches , dont les jointures font bien exactement bouchées,
& qui reſſemblent à des cheminées ;
l'air y eſt plus comprimé que dans
les puits ; & y étant plus condenſé, il
doit par conſéquent tomber avec plus
de force dans les endroits qui manquent d'air. Le Docteur Hales a inventé en Angleterre une Machine ou
Ventilateur, qui conſiſte en une roue
renfermée dans une boîte aſſez grande , fermée par le haut ; cette roue ſe
meut très-rapidement , & fait par
conſéquent beaucoup de vent qui eſt
forcé à deſcendre , parce qu'il ne
peut s'échapper par en haut. *Voyez*
D*r*. *Hales*, *Deſcription of the Venti-
lator*. Et M. *de Lohneiſſ* dans ſa *Deſcription du travail des mines , page*
60, * donne pluſieurs autres moyens
de renouveller l'air, dont entre autres
celui qui eſt repréſenté dans la *Planche II.* de ſon ouvrage , eſt très-propre à répandre de l'air frais dans les

* Publié en Allemand en un volume in-
folio , avec des Planches,

lieux les plus profonds d'une mine , & à en faire fortir le mauvais.
Quand ces fortes de tuyaux vont
jufqu'au jour , il faut bien prendre
garde de ne pas les placer de maniere que le foleil donne deffus , non
plus que fur les ouvertures des puits,
car il empêcheroit la circulation de
l'air , & feroit que celui des fouterreins deviendroit ftagnant ; l'on
n'a befoin d'avoir recours à ces
tuyaux , que lorfque les mines font
très-profondes, fort excavées , dé-
pourvues d'eau ; & dans celles d'où
l'on tire des mines fort chargées
d'arfenic & de cobalt. *

* De toutes les inventions faites pour renouveller l'air dans les fouterreins des mines , ou pour en tirer l'air corrompu , il n'y
en a point de comparable à celle dans laquelle on employe le feu. Comme M. Lehmann n'en a point parlé , nous allons y
fuppléer , & nous joindrons une planche
pour rendre la chofe plus fenfible : *Voyez
la Planche III.* La figure 1. repréfente la
perfpective du fourneau & de l'ouverture
d'un puits de mine , deftiné au renouvellement de l'air. La figure 2 eft la coupe de
ce fourneau & des fouterreins. A côté de
l'ouverture d'un puits , on éleve un fourneau

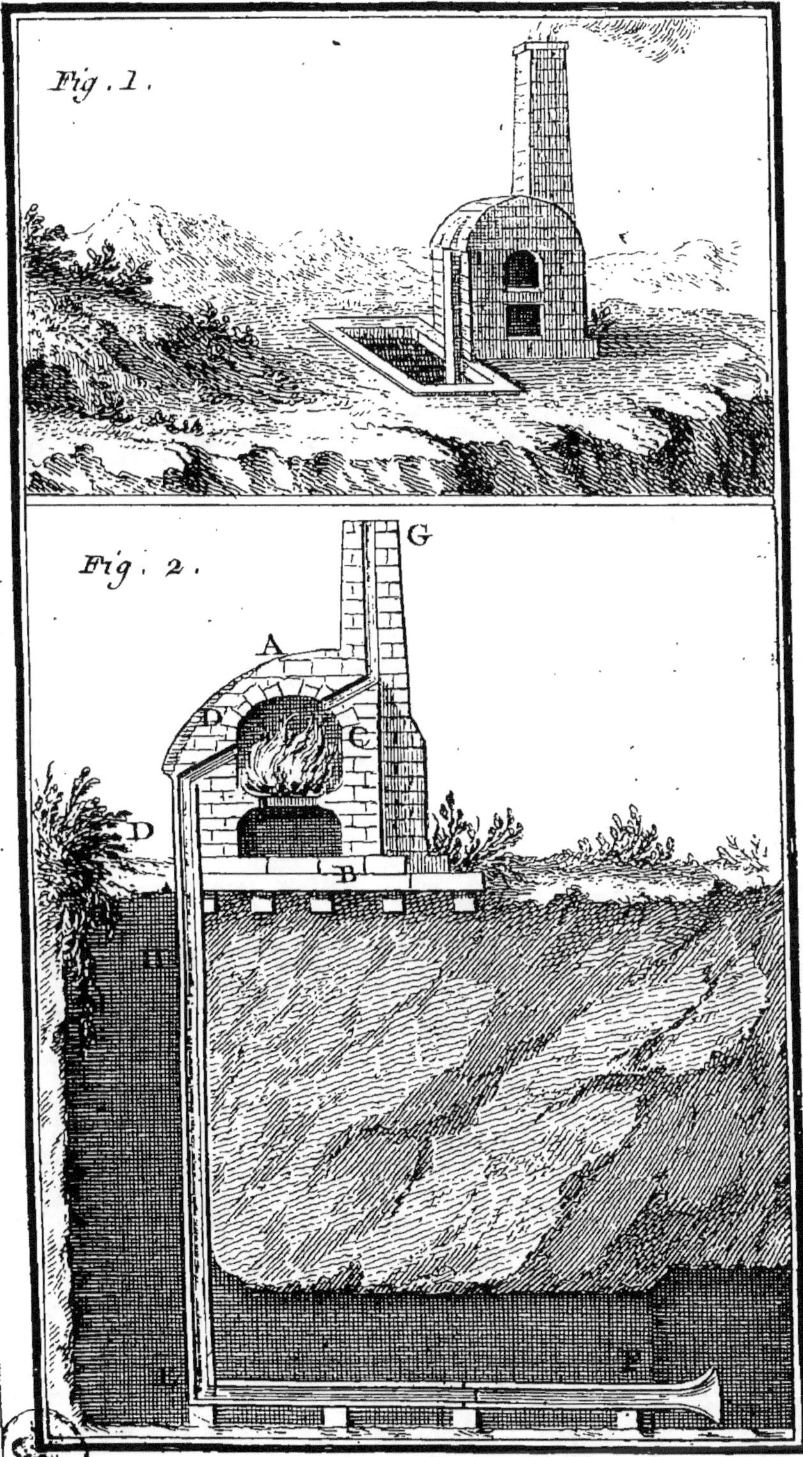
Fig. 1.
Fig. 2.
G
A
D
C
D
B

Lorsqu'on peut retenir les eaux à main d'hommes, on fait des puits qui

de brique *A*, dont le cendrier est en *B*, & le foyer en *C*. Le tuyau *DD* passe par le foyer du fourneau ; ce tuyau sera de tôle ou de fer de fonte dans la partie qui approchera du feu, & les parties *DE*, & *EF*, qui descendent dans les souterreins pourront être de bois, ou de planches assemblées, dont les jointures seront bouchées avec la derniere exactitude ; on pourra se servir pour cela de colle forte & de bandes de parchemin : on prolongera ces tuyaux à proportion de la profondeur des mines, en ajustant plusieurs tuyaux au bout les uns des autres ; on pourra pareillement leur faire faire autant de coudes & de détours qu'on voudra, pourvû qu'on ait grand soin de bien boucher les jointures. Il est à propos que l'extrémité du tuyau *F* qui est sous terre, soit faite en entonnoir, afin que l'air y entre plus fortement. Lorsque la machine sera ainsi établie, on allumera du feu dans le foyer *C* du fourneau ; quand il sera bien allumé on fermera la porte du foyer *C*, & celle du cendrier *B* ; alors le feu attirera fortement l'air des souterreins qui entrera par *F* dans le tuyau, & il ira s'échapper par la cheminée *G* du fourneau ; plus le tuyau de cette cheminée sera élevé, plus l'air des souterreins sera vivement attiré par le feu. L'air extérieur en tombant par le puits *H* remplacera celui que la machine aura pompé. Cette machine est une

ne fervent qu'à les recevoir, & au lieu
d'en tirer du minérai on n'en tire que
de l'eau qu'on fait monter jufqu'aux
boyaux ou galleries, ou même jufqu'à la furface de la terre : des ouvriers font deftinés à ce travail, ils
fe fervent pour cela d'un tourniquet
ou de pompes femblables à celles
qu'on met dans les puits ordinaires,
ou dans les réfervoirs d'eau.

Quelquefois on pratique des niches ou repos au milieu des puits
des mines, des galleries & des
boyaux ; ces repos font de petits

application du Ventilateur de M. Sutton ;
elle eft très-fimple, & fort peu couteufe ;
toutes les mines où l'on en a fait ufage s'en
font très-bien trouvées, elle épargne la peine des hommes qu'on employeroit à faire
aller des foufflets. D'ailleurs l'effet de cette
machine eft toujours égal, quelque tems
qu'il faffe, au lieu qu'il faut du vent pour
raffraîchir les fouterreins, & dans les tems
de chaleur & de calme l'air y eft toujours
mal fain & ftagnant. En y faifant quelques
légers changemens, elle peut être employée avec un très-grand fuccès, dans
tous les endroits dont on voudra renouveller l'air, comme dans le fond de calle des
vaiffeaux, dans les falles des hôpitaux,
dans les fpectacles, &c.

eſpaces vuides que l'on nomme *aîles.*
Voyez la Planche Ire. *ou frontiſpice*
H H. On les pratique ſoit pour découvrir & mettre à nud de nouveaux filons, ſoit pour ſuivre celui
qu'on avoit déja découvert, & pour
s'aſſurer des vénules ou rameaux qui
viennent s'y joindre ou qui en partent. C'eſt dans ces repos & niches
que l'on détache la mine : mais rien
n'eſt plus commode que ce que l'on
appelle *Stroſſen* en Allemand ; ce
ſont des eſpeces de marches ou de
gradins, formés de diſtances en diſtances, & taillés dans le filon même qu'on exploite. *Voyez la Plan-*
che Ire. *ou Frontiſpice* I I.

Sur chacun de ces degrés eſt un
ouvrier qui eſt occupé à détacher la
mine du gradin où il ſe trouve. Lorſqu'il ſe préſente des maſſes conſi-
dérables de la roche ſtérile & quart-
zeuſe qu'on nomme *Knauer,* * qui

____

*La roche que les Allemands nomment
Knauer, eſt ſuivant M. Henckel, compoſée
de quartz blanc mêlé de particules d'un
talc gris, avec lequel il eſt très-étroi-
tement lié ; cette roche qui eſt très-dure

eſt une pierre très-dure qui traverſe ou comprime le filon : on travaille tout autour de la roche juſqu'à ce qu'on retrouve le filon tel qu'il étoit auparavant ; mais ſi le filon vient à être entierement coupé ou à changer de direction, de maniere qu'on ne puiſſe plus former de gradin, les Mineurs diſent *qu'ils ont donné dans un cul-de-ſac.* Chaque marche ou gradin doit avoir depuis une demie juſqu'à deux verges de longueur ; & il n'y a point de coup d'œil plus ſingulier que de voir 40 ou 50 ouvriers chacun ſur ſon gradin & avec ſa lampe, travailler ſur l'endroit qui lui a été aſſigné. Lorſque les filons ſont épais, on forme des degrés ou gradins à ſes deux côtés pour le dégager de ſa roche, & pour cela on ſe regle ſur les *ſalbandes* ou lizieres du filon, ſur le *Beſteg* * ou enveloppe

ſe rencontre dans pluſieurs Pays, & ſurtout en Miſnie, au-deſſous de la terre végétale. *Voyez la Pyritologie de Henckel Chap. V.*

* Ce que les Allemands appellent *Beſteg,* n'eſt autre choſe qu'une terre onctueuſe & fine de différentes couleurs, qui ac-

de terre qui fépare le filon de la roche qui l'environne, de façon que la mine refte ifolée; cela s'appelle *dépouiller le filon*.

Enfin, on détache la mine même au moyen de la poudre à canon; de cette maniere on fait en un moment & à peu de frais plus d'ouvrage que cinq ou fix ouvriers ne pourroient faire en une femaine.

Quand, au moyen des gradins que l'on a formés comme nous avons dit, on a fait de grandes excavations au fond de la mine, ce qui peut ébranler la montagne, il eft à propos dans de certains endroits de fonger à remplir les efpaces qu'on a vuidés; on fait donc remplir les endroits qui ont été entierement excavés, avec les pierres & fubftances ftériles & non métalliques que l'on ne pourroit point retirer du fond de la mine fans beaucoup de peine & de dépenfe. Mais fi l'on ne veut remplir

compagne fouvent les filons. La plûpart des Minéralogiftes regardent cette terre comme un indice certain qui annonce de la mine d'une bonne qualité.

ces espaces vuides que par le haut,
on garnit ces espaces de caisses,
c'est-à-dire, qu'on enfonce des solives très-fortes dans le milieu des
côtés perpendiculaires de ces cavités;
on place au-dessus de ces solives, des
madriers & des planches : par ce
moyen on forme un plancher sur lequel on jette les pierres & les substances dont on veut remplir les excavations. *Voyez la Planche* I. *K K.* cela donne de l'appui aux souterreins,
sur-tout lorsque ces matieres par la
suite des tems viennent à prendre
corps & à se lier, ce qui les rend
solides & compactes ; souvent au
bout d'un grand nombre d'années
on a trouvé de la mine qui s'étoit
formée de nouveau dans des cavités
qui avoient été ainsi remplies. En
Hongrie & dans les endroits où
l'on trouve des eaux très-chargées
de vitriol, comme dans le Hartz près
de Goslar, aussi-bien qu'à Altenberg
en Saxe, on fait même des auges
de planches, ou des réservoirs pour
recevoir ces eaux; on y jette de la
vieille féraille afin de précipiter le

cuivre qui eſt contenu dans ces eaux, alors ce métal ſe montre ſous ſa forme métallique; & on appelle *cuivre de cémentation* celui qu'on **a** obtenu de cette maniere.

Lorſqu'en exploitant une mine on rencontre des anciens travaux de cette eſpece, les Mineurs diſent dans leur langage *que le vieil homme a déja été là.* Souvent on ſe met à travailler de nouveau pour détacher de la mine dans ces endroits que les mineurs Allemands nomment *Geſencke.* Ils entendent par-là la partie la plus profonde d'une mine, lorſqu'il y a encore lieu d'eſpérer que l'on trouvera de la mine en allant encore plus avant.

Si en travaillant ſur le filon principal on trouve des vénules qui s'y joignent, on forme des boyaux, ſoit en montant, ſoit en deſcendant dans la montagne, pour ſuivre cette vénule. On fait ſouvent la même choſe ſans avoir rencontré de vénule; pour lors l'on a en vûe de découvrir des filons, & il eſt à propos de ſuivre cette pratique, même lorſque le filon qu'on exploite eſt très-bon par lui-même, parce que c'eſt dans le voiſinage des mines qu'on doit chercher d'autres mines.

Nous allons maintenant décrire la machine à eau, attendu qu'elle exige des puits particuliers pour opérer les effets qu'on s'en promet: cette machine eſt deſtinée à épuiſer les eaux des ſouterreins ; il y en a de pluſieurs eſpéces, mais nous allons décrire celle qui eſt le plus en uſage ; elle tire les eaux par le moyen d'une roue miſe en mouvement par l'eau qu'on fait tomber deſſus au moyen d'un auge. La premiere choſe néceſſaire pour établir cette machine, c'eſt d'examiner ſi l'on aura toujours aſſez d'eau pour la faire mouvoir. Si la machine eſt au-deſſus de la terre, il faut néceſſairement que les eaux qui la font marcher ſoient auſſi au-deſſus de la terre ; on ſe ſert pour cela d'une riviere ou d'un ruiſſeau du voiſinage, s'ils ont pendant toute l'année aſſez d'eau & s'ils ne tariſſent point en été. Quand on n'a point d'eau de cette manie-

re on est obligé de creuser à force
de bras des étangs dans lesquels on
rassemble les eaux des sources &
des fontaines du voisinage, que l'on
tient à une certaine hauteur par le
moyen des écluses, afin de remédier aux inconvéniens qui peuvent
survenir dans des tems de sécheresse,
& on n'en laisse sortir que l'eau qui
est nécessaire pour faire aller la machine, aussi-bien que les boccards
ou pilons & les lavoirs. Si la machine à eau est placée dans les souterreins, on sera encore obligé de
la faire mouvoir, à l'aide des eaux
qui sont à la surface de la terre, ou
de celles que fournissent les galleries
des mines : quand on aura suffisamment d'eau, en la fera tomber sur
la roue par des auges destinés à cet
usage, ou par des tuyaux semblables à ceux qui ont été décrits pour
le renouvellement de l'air. On n'a
pas besoin de la même quantité d'eau
pour faire marcher toutes les roues ;
cela dépend de leur grandeur, &
de la masse d'eau qu'on veut faire
monter. Lors donc qu'il s'agit de

conſtruire la machine à eau, il faudra d'abord examiner ſi on peut placer la roue au-deſſus du puits deſtiné à l'épuiſement des eaux, ou bien, quand c'eſt à la ſurface de la terre, s'il faut ſe ſervir de barres ou de tirans de fer qui ſont enchevêtrés les uns dans les autres, en forme de balanciers. *Voyez la Planche IV. L L L.* Ou ſi c'eſt dans l'intérieur de la terre, on verra s'il faut ſe ſervir de barres de fer qui tiennent ſur la place au piſton.

Nous allons commencer par décrire une de ces machines : quand elle eſt placée directement au-deſſus du puits d'épuiſement, telle que celle qui eſt repréſentée dans la *Planche IV.* on y voit d'abord en *A* l'endroit où ſe place la machine ; en *B*, on voit le puits d'épuiſement qui va juſqu'au fond des ſouterreins ; *C*, eſt la roue qui met la machine en mouvement. Elle a 18, 20, 24 ou 28 aunes * de diametre, & même davantage, ſuivant l'exigence des cas ;

---

* L'aune de Dreſde eſt de deux pieds.

L
I
C
Z

on regarde celles qui n'en ont que 21 comme les meilleures, parce qu'elles ne font point tant travailler le bois. *E*, eft l'arbre de la roue avec fon tourillon *F. G* eft l'empoife fur laquelle le tourillon eft pofé; *H* eft une mortoife qui eft mife en longueur fur les piéces qui précedent; *I* eft la barre qui eft attachée à l'extrémité de la manivelle coudée contigue au tourillon: lorfque cette manivelle tourne, elle fait en même tems foulever la barre de tirage *K*, ou elle la laiffe retomber en bas; c'eft au bas de cette barre de tirage que le pifton eft attaché par un écrou comme aux pompes ordinaires: ce pifton eft un morceau de bois arrondi qui a 5 pouces de hauteur & eft rempli de trous; c'eft au-deffus de cette piece qu'on met la foupape ou un morceau de cuir qu'on appelle *Clappet*; ce pifton s'attache à la barre de tirage par une vis, & il éleve l'eau dans le corps de la pompe: les corps de pompe font ou de bois, ou de fer; ou, ce qui vaut encore mieux, de

cuivre jaune battu à froid, ces derniers sont les plus durables; on leur
donne une épaisseur & un diametre
proportionné à la quantité d'eau que
l'on veut tirer; ou ces corps de pompes versent l'eau dans un auge, ou
bien on y joint encore par le bas des
tuyaux de bois: lorsque ces tuyaux
sont bas ils n'élevent point l'eau au-
dessus de cinq verges: un équipage
de pompe de cette espece est composé
d'un corps de pompe & de trois allonges; mais lorsqu'ils sont plus
longs ils élevent l'eau jusqu'à douze
ou quinze verges: alors ils sont composés de 5 tuyaux ou allonges ajustées
les unes au bout des autres. L'eau
qui tombe de la surface de la terre
pour faire aller la machine, est reçue dans un auge qui la détourne. Ou
l'eau tombe par en haut sur la roue,
ou bien elle la fait mouvoir par en bas;
c'est pourquoi on fait des roues qui
ont de doubles aubes, afin de pouvoir tourner des deux côtés. S'il
n'est pas possible de placer la machine à eau directement au-dessus
du puits destiné à l'épuisement des

eaux, il faut, comme on a dit plus haut, former des repos, palliers ou emplacemens faits exprès pour la recevoir ; nous avons déja fait voir ce que c'étoit, & pour lors on attache des barres immédiatement à la roue ; elles font affujetties dans l'endroit où la barre joint l'extrémité de la manivelle coudée, attendu que ces palliers ou repos ne vont point toujours tout droit , mais forment fouvent des angles , ce qui eft caufe que la barre doit faire plufieurs coudes : auffi ces machines font-elles fujettes à fe détraquer. Les barres dont on fe fert pour cela font adaptées les unes aux autres avec des clavettes : on y ajoute des bras en croix , afin qu'elles puiffent continuer à fe mouvoir lors même que l'une viendroit à fe rompre , auffi bien qu'une machine dont les barres feroient *L L L* fur terre ; ces barres font faites comme les précédentes , & peuvent defcendre perpendiculairement jufqu'à 600 verges , ou même plus profondément dans le fein de la montagne : il y en a de doubles, c'est-à-dire, qui élevent l'eau dans deux corps de pompes, & de simples qui ne l'élevent que dans un seul. La barre est portée sur des appuis faits exprès, & glisse entre ces appuis, qui eux-mêmes sont assujettis par des chevrons.

Il pourroit arriver que la roue cessât de se mouvoir par la trop grande quantité d'eau qui sort des souterreins. Pour être averti de cet inconvénient, on adapte un marteau qui frappe à chaque tour de roue sur un corps sonore, c'est ce qu'on nomme un *surveillant*. Quelquefois le souterrein est à une telle profondeur, que la machine ne peut plus en tirer les eaux. Lorsque les mines en valent la peine, on place quelquefois 3, 4 ou 5 machines à eau les unes au-dessus des autres, elles se fournissent de l'eau les unes aux autres ; de cette maniere on peut remédier à l'inconvénient qui résulte des eaux, & on peut les tirer des endroits les plus enfoncés dans la terre, de la même maniere qu'on peut en faire fortir le mauvais air, & y introduire de l’air frais.

Je parlerai encore ici en peu de mots d’un inconvénient auquel es mines font expofées, c’eft celui du feu. L’Angleterre & la Saxe nous fourniffent des exemples de mines qui prennent feu & qui continuent enfuite à brûler ; les mines de charbon de terre font fur-tout fujettes à cet accident ; il feroit impoffible d’éteindre un pareil embrafement avec de l’eau ; le meilleur moyen d’y remédier eft donc de remplir & de combler très-promptement les puits de ces mines, & par-là d’étouffer le feu, en lui ôtant la communication avec l’air ; mais il eft à propos de laiffer paffer enfuite plufieurs années avant que de recommencer à travailler à une pareille mine.

Jufqu’à préfent nous avons parlé en peu de mots des puits, des galleries, des machines à eau, &c. & de la maniere dont on s’en fert pour l’exploitation d’une mine. Il nous refte encore à décrire une autre méthode qu’on peut mettre en ufage

pour parvenir au même but ; c'eſt
en faiſant des *percemens.* Un percement n'eſt autre choſe qu'un
chemin ou une gallerie que l'on ouvre préciſément au pied d'une montagne, ou du moins dans ſa partie
la moins élevée : les percemens de
cette derniere eſpéce que l'on fait à
une certaine hauteur de la montagne ſe nomment *percemens de jour;*
il eſt rare qu'ils pénetrent fort avant
dans le corps de la montagne, ils
ſervent uniquement pour l'écoulement des eaux qui s'y rendent de
la ſurface de la terre ; les premiers
percemens s'appellent *percemens profonds* : ceux qui les font jouiſſent de
grandes prérogatives ſuivant la Juriſprudence des mines d'Allemagne.
Nous nous contenterons ici de dire la
maniere dont on fait ces percemens;
on les appelle le *cœur de la montagne,* parce qu'ils fourniſſent le moyen
le plus ſûr d'ouvrir une montagne
& d'en connoître l'intérieur. En effet
on les met en uſage, ſoit pour découvrir des filons & les mettre à
nud; alors on les nomme *percemens*

à fouiller; ou bien on les fait pour débarrasser les eaux de plusieurs portions de mines partagées entre plusieursCompagnies d'Intéressés:il n'est donc point toujours nécessaire que le percement aille suivre un filon ; mais lorsqu'on découvre un filon, par son moyen on peut s'étendre & former des galleries à ses côtés, afin de poursuivre sa découverte. Lors donc qu'on veut former un percement profond , il faut d'abord chercher l'endroit le plus bas qui soit au pied de la montagne , & se servir pour cela du niveau d'eau ou de la balance hydrostatique; mais si on juge à vûe de pays que cet endroit seroit trop éloigné, on commencera plus près à l'endroit qui est le plus bas, & de-là on poussera le percement vers les endroits où l'on a déja travaillé , & où se trouvent les puits : quand on aura rencontré l'endroit le plus bas d'une montagne, de la maniere qui vient d'être décrite , on commencera par y faire un fossé , qui doit être presqu'entierement de niveau & qui sur cent verges doit avoir à peine deux pieds de pente, pour donner un libre cours aux eaux : on conduira ce foſſé juſqu'à la montagne à l'endroit où l'on commence à y entrer, c'eſt-à-dire, juſqu'à ce qu'on ait aſſez travaillé pour en être couvert : alors on met aux deux côtés de l'ouverture qu'on a faite, deux pilliers aſſemblés par une traverſe, & l'on y attache une porte ; on continue à pénétrer dans l'intérieur de la montagne, & l'on garnit le paſſage qu'on a fait, avec des ſolives & des planches, pour empêcher l'éboulement des terres & des pierres, & l'on fait de même juſqu'à ce qu'on ſoit parvenu au roc vif; on prend les mêmes précautions afin d'empêcher la chute des pierres qui pourroient tomber de la partie ſupérieure du percement & couler dans la rigole ou dans le conduit qu'on a pratiqué ſur le ſol du percement pour l'écoulement des eaux, parce que ſans cela la rigole ſeroit bouchée. La porte que l'on met à l'entrée du percement ſe nomme la *bouche* du percement. Si le percement n'est point assez élevé dans le commencement, on l'éleve peu à peu, on met par dessus la rigole par où l'eau coule, des planches portées par des appuis ou traverses pour pouvoir passer & repasser librement par dessus, & afin de pouvoir transporter la pierre & les autres choses nécessaires : quand cette ouverture a été bien faite on peut faire entrer de l'air frais jusqu'à plusieurs centaines de toises dans l'intérieur d'une montagne ; ce qui joint à l'écoulement des eaux, est le but principal qu'on se propose en faisant un percement. Lorsqu'on rencontre des détours subits & des coudes formés par les galleries qui se coupent les unes les autres & qui communiquent au percement, les différens courans d'air en se rencontrant s'entrechoquent & ont quelquefois tant de force qu'on a bien de la peine à tenir une lampe allumée, & à se soutenir soi-même dans ces sortes de carrefours souterreins. La même chose arrive dans les aîles ou boyaux de prolongemens des galleries ; pour remédier à cet inconvénient on y met des portes qui ferment avec beaucoup d'exactitude, on regarde comme une très-grande faute de ne pas y remédier quand on le peut. L'on nomme *carrefour* l'endroit au-delà duquel on ne peut plus pouffer le percement; c'eſt où l'on a commencé à travailler la mine & à deſcendre des puits. Ces ſortes de percemens ſe font ou pour faciliter le travail d'une ſeule mine, ou leur utilité ſe fait ſentir à une montagne entiere : dans le premier cas, on ſe regle ſur la mine à laquelle on veut procurer de l'avantage par un percement : dans le ſecond cas, on commence à creuſer la rigolle ou le conduit dans l'endroit le plus bas des environs; on pouſſe le percement directement vers le centre de la montagne, par-là on débarraſſe à la fois toutes les mines des environs, des eaux qui pouvoient les incommoder, & on leur procure un renouvellement d'air : s'il y a des portions de mines à peu de diſtance de-là qui veuillent profiter du

percement, on pousse des galleries
de communication qui viennent s'y
rendre ; par-là elles reçoivent de l'air
& se débarrassent de leurs eaux. Lorsqu'on fait descendre de la surface de
la terre un puits sur le percement, on
le désigne par le nom de *puits de
percement.* Ils sont faits de même que
les autres bures ou puits, excepté
que quelquefois, au lieu de les garnir
de charpente, on les garnit de maçonnerie : il est vrai que cela est cou-
teux, mais si l'on calcule combien
il en coute pour le renouvellement
perpétuel, les réparations & l'en-
tretien des charpentes, on verra que
la différence n'est pas fort considérable. En faisant un percement on ne
se propose pas toujours de découvrir
un filon, comme je l'ai déja fait observer, cela fait que l'on n'en rencontre pas souvent par ce moyen, alors
les portions de mines qui recueillent
les avantages du percement payent
à celui qui en est propriétaire, un
droit que l'on nomme droit *de percement* ; c'est le 18ᵉ. ou le 9ᵉ. ou le 4ᵉ.
denier, suivant les circonstances, les

conventions qui ont été ſtipulées ,
& les ordonnances ou les loix des
Mines de chaque pays. Lorſqu'un
percement a une certaine étendue &
profondeur à prendre depuis la ſurface de la terre , ou depuis le gazon
juſque dans l'intérieur d'une montagne , (ce qui varie dans les différens pays dont l'Allemagne eſt
compoſée : cette étendue eſt de $9\frac{1}{2}$
verges à *Joachimſthal* ; de 14 verges dans l'Electorat de Trèves ; de
10 verges , & un *empan* en Saxe ,)
Le propriétaire d'un tel percement ,
quand il eſt parvenu à l'endroit où
commence le terrein d'une portion
de mine appartenante à un autre ,
ou lorſqu'il rencontre un filon , quand
même il appartiendroit à la mine aſſi-
gnée à une autre Compagnie , a la
liberté de faire détacher du minerai
pour ſon compte dans un eſpace
de $5\frac{1}{2}$ verges , à compter depuis
la rigole qui ſert à l'écoulement des
eaux juſqu'à la voute ou partie ſupérieure , & d'une demi-toiſe d'épaiſſeur ; mais cela eſt du reſſort de la Juriſprudence des Mines.

Je

Je viens de faire voir en peu de mots la maniere dont on peut s’y prendre pour établir le travail des mines : comme je ne me fuis propofé que d’inftruire des Commençans, on me pardonnera de n’être point entré dans un plus grand détail. En effet, mon but eft feulement de donner une idée générale des travaux de la Minéralogie à des jeunes gens pour qu’ils ne foient point entiérement neufs quand ils auront occafion de voir les chofes par eux-mêmes. Je fuivrai la même méthode en parlant des travaux pour l’exploitation des mines mêmes ; je les diviferai en ceux qui fe font fous la terre, & en ceux qui fe font à fa furface : ces derniers travaux feront le fujet du cinquiéme Chapitre de cet ouvrage qui traitera de la préparation de la mine.

Quant aux travaux qui fe font fous la terre, le premier qui fe préfente eft celui qu’on nomme la *fouille*. Il eft vrai que ce travail commence à la furface de la terre ; mais comme on fe propofe de pénétrer par fon

moyen jufques dans fon intérieur, on
a raifon de le placer ici : cette fouille
confifte à écarter la premiere couche
qui fe trouve à la furface de la terre,
& à ôter les pierres détachées & peu
compactes qu'on rencontre au-deffous de cette premiere couche : cela
fe fait avec des pioches, des pelles,
des bêches, des pics, &c. Lorfqu'on
eft parvenu jufqu'au roc vif, on fe
fert du marteau & du cifeau. Le marteau eft une maffe de fer qui pefe
quatre livres, & même plus, dont le
fer va en s'élargiffant par deux côtés
qui ont été trempés, afin que lorfqu'un des côtés eft émouffé, on puiffe
fe fervir de l'autre. On fe fert auffi
de petits marteaux pointus qui font
ou de fer trempé, ou de pur acier :
on en donne ordinairement une dou-
zaine à chaque ouvrier deftiné à ce
travail. Quand il eft defcendu en terre
il commence à emmencher ces marteaux : un ferrurier eft employé à
réparer ces outils quand ils ont été
émouffés par le travail, & à les trem-
per de nouveau : quand ces outils
font entierement ufés par la pointe,

on forge en pointe le côté qui auparavant alloit en s'élargiſſant, ou bien quand ils ſont trop diminués, on en ſoude deux l'un avec l'autre. Ces deux outils ſont les plus néceſſaires aux Mineurs; par leur moyen ils s'ouvrent un paſſage dans le ſein d'une montagne, ils détachent la mine, ils enfoncent le côté pointu du fer dans le roc, & le font entrer à coups de maillets. Mais comme ſouvent on n'agit que très-lentement de cette maniere, ſur-tout quand on rencontre une roche fort dure, on avance la beſogne avec de la poudre à canon. On ſe ſert pour cela de forets de fer ou d'acier de différentes formes & longueurs; on fait un trou dans le roc: après lui avoir donné le tems de ſe ſécher, on y fait entrer à force de la poudre à canon ou une cartouche; on rebouche le trou avec une cheville afin que le coup faſſe plus d'effet; on enfonce un petit tuyau qui va juſqu'à la cartouche; on remplit ce petit tuyau avec de la poudre pure, afin de s'en ſervir pour allumer la cartouche. Lorſqu'il s'agit d'y mettre le feu on prend ordinairement trois méches souffrées, on les amolit en les passant par-dessus la flamme d'une lampe, & on les entortille les unes avec les autres, après quoi on les attache par un bout au petit tuyau ; l'on allume l'autre bout à la lampe, & on a soin de se retirer promptement assez loin pour être hors de danger. Lorsqu'il y aura loin à aller pour se mettre en sureté, il faudra faire les méches de souffre plus longues, afin qu'elles soient plus long-tems à brûler avant que de pouvoir mettre le feu à la poudre ; cette opération est une des plus dangereuses de celles qui se font dans les mines ; car il arrive souvent qu'en faisant entrer la poudre à force dans le trou, l'outil de fer ou d'acier dont on se sert pour cela fait partir de la roche des étincelles qui allument la poudre, & pour lors le coup peut blesser & même tuer les ouvriers qui se trouvent auprès. Un coup de cette espéce, quand il réussit bien, peut, à proportion de la poudre qu'on y a employée, faire partir 30, 40 ou 50 quintaux de roche, & même plus à la fois ; fans compter la maffe qu'il ébranle fans la faire tomber ; on acheve enfuite de détacher ce qui n'eft pas tombé, avec des pics, des leviers de fers, des pieds - de - chevres, &c. Quand le coup a donné dans un rocher très-dur & très-compact, il produit un très-grand effet; mais s'il s'eft trouvé dans le voifinage une fente qui a donné de l'air à la poudre, l'effet n'eft que très-foible, ou même il n'aboutit à rien du tout ; il en eft de même s'il y a des eaux ou des cavités qu'on nomme *Drufen* ; mais pour bien diriger un coup, de maniere qu'il ait tout fon effet, le principal ouvrier foure un petit morceau de bois dans de la terre glaife qu'il attache précifément à l'endroit où l'on doit percer un trou, & l'ouvrier qui perce le trou avec un foret n'a qu'à fuivre la direction qui lui a été ainfi marquée. Les maffes de roche & de mine qui ont été détachées par la poudre fe divifent enfuite à coups de cifeaux & de marteaux, &, autant qu'on peut, on ne réferve que ce qui eſt bon, l'on rejette ce qui ne contient rien de métallique, dans les creux qui ont été déja excavés, ou l'on en remplit les eſpaces vuides qui ſont au-deſſus du revêtiſſement de charpente qui retient les voutes des ſouterreins ; par-là on eſt diſpenſé de la peine & des frais qu'il en couteroit pour les tirer du fond des ſouterreins. On porte la mine ſur des brancards ou dans des brouettes, juſqu'à l'endroit où l'on charge les ſeaux, & on les monte au moyen de la corde ou de la chaîne que l'on tire à bras d'homme, quand on ſe ſert des tourniquets, ou par le moyen de la machine à moulettes que les chevaux font tourner.

M. Jean Chrétien Lehmann de Leipſick a inventé des forets avec leſquels on peut aller juſqu'à la profondeur de pluſieurs centaines de toiſes en terre : mais comme cette invention n'eſt propre qu'à ſatisfaire la curioſité, & à examiner des terreins qui n'ont point encore été entamés, & comme d'ailleurs ils rempliſſent rarement les effets que l'Inventeur s'en est promis , nous nous dispenserons d'en parler , & nous renvoyons le lecteur au Traité qu'il en a donné .* Voilà les différentes manieres que l'on employe pour détacher le minérai.

Il nous reste encore à parler d'un moyen qui consiste à détacher la mine en mettant le feu dans les souterreins ; cela se pratique quand on rencontre une roche très-dure & en grande masse ; on en fait usage sur-tout dans les mines d'étain qui se trouvent en masses ou en bloc considérable ; on apporte près de la roche quelques cordes de bois très-sec qu'on allume ; par-là il se fait des gersures ou crevasses dans le roc ; mais il faut pour cela que le souterrein soit bien sec , & que l'air y ait un jeu libre ; car sans cela les vapeurs & fumées s'y arrêteroient , & en se combinant avec les vapeurs minérales & arsénicales

---

* Ce Traité a paru en Allemand en 1750, à Leipsick en un petit volume in-8°. L'Auteur y donne aussi une maniere pour améliorer les boccards ou pilons qui servent à écraser la mine.

D iv

que le feu met très-aisément en mouvement ; elles rendroient les fouterreins très - mal fains. Voyez mon
*Traité des Mouffettes ou Exhalaifons
minérales.* *

En fecond lieu, il eft néceffaire de
dégager un peu le filon de ce qui
l'environne, afin que le feu puiffe
agir plus fortement fur la roche : fi
elle étoit déja pleine de fentes & de
gerfures cela ne feroit plus néceffaire.
Quand le bois eft entiérement confumé & que les vapeurs fe font diffi-
pées, on examine ce qui s'eft détaché, on confidere l'endroit où l'on a
mis le feu, & l'on fonde par-tout
avec de longues barres de fer pour
voir fi l'action du feu n'a point produit
une fubftance que l'on nomme *Schale
ertz*, écaille ; c'eft une pierre qui a de
la largeur & très-peu d'épaiffeur, on
la nomme auffi *Wand.* On juge qu'il
s'en eft formé, lorfque en frappant
contre la roche on l'entend fonner
creux ; on acheve de la détacher avec
des pics ou des leviers, afin qu'elle ne

_____

* On en trouvera la Traduction à la fin
de ce volume.

tombe point d'elle-même & ne blesse
point les ouvriers. On la brise & on
la traite comme on fait les autres
pierres & morceaux de mine. A l'é-
gard de la mine qui est en petits
morceaux, on la recueille dans des
mannes ou paniers d'un tissu serré
comme dans les autres mines.

Voilà en abrégé les travaux qui se
présentent dans l'intérieur des mines ;
mais souvent on ramasse aussi des mines à la surface de la terre ; nous allons en dire quelque chose. On
trouve quelquefois des fragmens de
mines isolés & repandus dans la cam-
pagne ; souvent ils sont en assez grande abondance & assez chargés de
métal pour qu'on prenne la peine de
les recueillir & de les traiter pour
en tirer le contenu ; on en trouve
aussi des couches suivies très-riches
qui se présentent précisément au-dessus du gazon ; les mines de fer sont le
plus ordinairement dans ce cas ; pour
lors on n'a rien à faire que de les rassembler, & de les traiter pour en
tirer le métal. Communément ces
lits ou couches sont formées des dé-

D v

bris de filons réguliers qui font cachés en terre au-deffous d'elles, & que l'on a raifon de chercher à découvrir en fouillant plus avant. Mais lorfque ces fragmens, & fur-tout des grains & des paillettes d'or, des particules de mines d'étain, & même des petites pierres précieufes, &c. fe trouvent dans des eaux & fur les bords des rivieres, fur-tout dans des endroits où il y a une digue, ou lorfque la riviere fait un coude, ou lorfque quelque autre obftacle interrompt leur cours & préfente à ces fubftances un lieu où elles peuvent s'amaffer; les Allemands nomment ces fortes d'amas, *Seiffenwerck*, mine formée ou amaffée par tranfport ; * l'on ne peut regarder les métaux & les particules de mine qu'on y trouve que comme des fragmens qui ont été détachés des filons, auprès defquels les eaux ont paffé, comme nous l'avons fait

---

* Les Anglois appellent les mines de cette efpéce *shoads*. Quelques-unes de leurs mines d'étain fe trouvent ainfi roulées & tranfportées.

remarquer plus haut dans le Chapitre second. Les pailloteurs * examinent le fable & les pierres qu'ils trouvent au moyen d'un outil qui n'eft qu'une petite planche percée de trous ; ils employent auffi la *febille* qui eft une efpéce d'écuelle de bois dont l'intérieur eft fillonné ou rempli de rainures : c'eft dans cette écuelle qu'ils mettent leur fable , ils puifent de l'eau avec la febille , & en remuant continuellement , ils font partir la partie non-métallique qui eft legere , avec l'eau, tandis que la partie métallique comme plus-pefante tombe au fond & fe loge dans les rainures ou fillons de la febille. En Allemagne on diftribue à des Compagnies des portions de mines de cette efpéce , de même que celles qui font par filons , & l'on affigne à chaque Intéreffé un efpace de 100 verges de longueur , & de 50 en largeur.

Ce qui vient d'être dit fuffit pour faire connoître les travaux qui font

* C'eft ainfi qu'on nomme ceux qui lavent le fable pour en tirer les parties métalliques qu'il contient.

D vj

en ufage pour exploiter les fentes,
les filons, auffi-bien que les mines qui
fe trouvent à la furface de la terre.
Nous allons maintenant examiner ce
que ces travaux produifent , & pour
rendre cet ouvrage plus complet,
nous parlerons en peu de mots des
différentes efpéces de minéraux, de
métaux & de foffiles. Nous n'entre-
rons point dans le détail de toutes
les variétés qui fe préfentent ; cela
feroit auffi impoffible que de décrire
toutes les productions de la nature,
& nous n'avons pas befoin de donner une Minéralogie fi étendue , attendu que MM. Wallerius , * Wol-
terfdoff & Linnæus ont fuffifamment
traité cette matiere. Cependant pour
ne point entierement omettre une
chofe de cette importance , nous allons en donner une idée générale
dans le Chapitre fuivant, & nous ren-
verrons le lecteur aux ouvrages des
Auteurs qui viennent d'être nommés

* La traduction Françoife de la Minéralogie de M. Wallerius a paru à Paris en 2
volumes in-8°. en 1753 chéz Durand &
Piffot.

& aux collections qui font dans les cabinets des Curieux ; l'on y apprendra beaucoup plus exactement à connoître des fubftances que les defcriptions ne peuvent jamais rendre que très-imparfaitement.

CHAPITRE IV.

De la Minéralogie & de la Métallurgie.

LA Minéralogie eft la connoiffance de toutes les fubftances qui fe trouvent dans le fein de la terre ; la Métallurgie n'en fait qu'une partie, attendu qu'elle ne s'occupe que des fubftances qui contiennent des Métaux ; ainfi il n'y a du reffort de la Métallurgie que 1° les mines qui contiennent de l'Or, de l'Argent, du Cuivre de l'Etain, du Plomb & du Fer. 2° Les demi-métaux, tels que le Mercure, le Bifmuth, le Zinc, l'Antimoine, l'Arfenic, &c. Parmi les Minéraux, on compte les Sels, les fubftances inflammables, le Souffre, le

Cobalt lorfqu'il ne contient point d'argent, & toutes les fubftances foffiles. Sous le nom de *foffiles* on comprend toutes les terres non-métalliques, & toutes les différentes efpéces de pierres tant communes que précieufes. Mais avant que de parcourir ces différentes fubftances, il eft à propos de fçavoir que comme les foffiles, les minéraux & les métaux fe trouvent fouvent & prefque toujours joints enfemble, enforte qu'il eft très-rare de rencontrer les uns fans les autres; on eft dans l'ufage pour leur dénomination, de ne fe régler que fur la fubftance qui domine ou qui eft en plus grande abondance dans un corps, & fur le métal ou le minéral qu'on peut en retirer avec quelque profit. Si, par exemple, l'on avoit du cobalt qui contînt fi peu d'argent qu'il ne valût pas la peine d'être traité au fourneau de fufion, on l'appelleroit fimplement *cobalt*; mais s'il s'y trouvoit une plus grande quantité d'argent & qu'on pût l'en tirer avec profit, on le mettroit au rang des

mines d'argent. Il en est de même
des mines elles-mêmes ; toute mine
de plomb contient ordinairement 2
à 3 onces d'argent sur un quintal ;
mais comme c'est le plomb qui y
domine, puisqu'il y a telle mine qui
donne de 60 à 70 livres de plomb
au quintal, on la nommera *mine de
plomb*, & on la placera dans la classe
des mines de ce métal. La mine de
cuivre grise contiendra souvent 4 à
5 onces d'argent au quintal ; mais
lorsqu'on en tirera 30 à 40 livres
de cuivre, on aura raison de la mettre au rang des mines de cuivre ; il
en est de même des autres : cela me
servira donc de regle dans la division que je vais donner des Mines
& des Minéraux. Je conviens qu'il
seroit bon d'assigner une classe particuliere à chaque substance, pour
peu qu'elle se distinguât des autres ;
cela conduiroit à une connoissance
plus exacte : mais comme il ne s'a-
git ici que de donner des idées générales à des Commençans, je tâ-
cherai de me renfermer dans les
bornes les plus étroites qu'il me sera

possible. Je commence donc par divi-ser toutes les substances fossiles ou souterreines :

1° En Terres.
2° En Sels.
3° En Substances inflammables.
4° En Métaux.
5° En Pierres.

S'il s'agissoit ici d'examiner ces substances en Chymiste, je serois obligé de me régler sur les produits qu'elles donnent par les analyses de la Chymie; dans ce cas, je ne pourrois point suivre un meilleur guide que le célebre M. Pott, dans sa *Litho-géognosie*, ou *Examen Chymique des Terres & des Pierres*. * Mais comme il ne s'agit que d'instruire des Commençans, dans lesquels je ne suppose que peu ou même point de connoissances de la Chymie, & à qui je ne prétends faire connoître les corps que par le coup d'œil extérieur, je ne suivrai dans la distribution des classes que j'en ferai, que leur coup

---

* La traduction de cet ouvrage intéressant a paru en 1753, en 2 vol. in-12. chez Jean-Thomas Hérissant.

d'œil extérieur, leur contenu, &c. Nous allons commencer par les terres.

La terre eſt une ſubſtance foſſile, ſimple, ſolide, qui ſe réduit en poudre, qui ne fond point par elle-même ou ſans addition dans le feu, & qui peut être diviſée ſans pourtant être miſe entiérement en diſſolution dans les fluides. Il paroît par cette définition que tout ce qui eſt mêlé avec la terre & qui n'a point les mêmes propriétés ne doit pasêtre proprement regardé comme une terre ; tel eſt, par exemple, le ſable qu'on ne peut regarder que comme des débris de plus grandes pierres, ou comme un commencement pour la formation des pierres. Nous allons maintenant parcourir les différentes eſpéces de terres.

1. *Le terreau*, la terre végétale ou la terre des jardins (*humus*) que tout le monde connoît, eſt ordinairement noirâtre, plus ou moins graſſe au toucher, & très-propre à la production des végétaux & plantes.

2. *L'argille.* Cette terre eſt très-

déliée, compacte, graſſe au toucher; c'eſt pourquoi elle devient tenace dans l'eau, elle nuit à la fertilité des champs, mais elle eſt très-propre aux uſages méchaniques. On doit placer dans ce rang, l'argille ordinaire, la glaiſe, &c.

3° *La Marne* ; ſouvent on la confond avec l'argille, mais elle en differe par la ſubtilité & par d'autres circonſtances & ſur-tout par la propriété qu'elle a de fertiliſer les champs; elle eſt liſſe & graſſe au toucher ; elle n'a que peu de liaiſon : on l'employe pour l'engrais des terres , on en voit de différentes couleurs ; la plûpart des terres ſigillées ſont de cette eſpéce : telle eſt celle de Lemnos, &c. cependant elles demandent à être examinées avant que d'être employées dans la Médecine, attendu qu'il y en a un grand nombre qui ſont mêlées de beaucoup de parties métalliques & même de parties arſénicales.

4° *La terre maigre*, ſeche, ſpongieuſe & legere, que l'on nomme *Morochtus*, à laquelle on peut rap-

porter celles qu'on appelle *lait de
lune*, *otescolle*, *terre de Malte*,
&c.

5. *Le Tripoli* qui est une terre maigre, seche, rude au toucher, mais
pourtant facile à écraser ; son usage
est purement méchanique : on distingue ses différentes espéces par la
couleur & par la pureté ; elles n'ont
d'ailleurs rien de remarquable.

6° *Les terres Bolaires.* Elles sont
lisses, grasses, s'imbibent aisément
des fluides, n'ont que peu de liaison :
on comprend sous cette dénomination toutes les terres bolaires blanches, rouges & de diverses couleurs,
aussi-bien que la prétendue *farine
fossile*, & d'autres terres auxquelles
la simplicité des hommes a fait attribuer des vertus singulieres dans la
Médecine ; quant à la *farine fossile*
bien des personnes même au-dessus
du vulgaire ont poussé la crédulité
jusqu'à penser qu'elle sortoit mira-
culeusement du sein de la terre ; mais
ce n'est, comme on l'a dit, qu'une
terre bolaire devenue blanche, & des-
séchée aux rayons du soleil qui luit

quelquefois pendant tout le jour sur un côté d'une montagne, sur-tout pendant un été fort chaud, de sorte qu'elle n'a aucune liaison, & ressemble à de la farine par sa blancheur ; la preuve que c'est une terre bolaire, c'est qu'elle ne prend point corps toute seule, & qu'on est obligé pour cela d'y joindre de la farine ; les Auteurs ne sont point d'accord pour sçavoir si l'usage interne de cette *farine fossile* n'est point dangereux. M. Ludwig la regarde comme incapable de produire de mauvais effet. *Voyez* son Traité *De terris Musæi Regii Dresdensis*, pag. 95 ; mais M. Pott le réfute dans la seconde partie de sa *Lithogéognosie*, en parlant de la farine fossile de Walckenried.

7. *La terre savonneuse*, qui est lisse, grasse au toucher, tenace & qui conserve sa liaison dans l'eau : les terres à foulons sont de cette nature.

8. *La Craye*, qui est très-connue, & dont il n'y a qu'une seule espéce seulement, avec la différence qui résulte du plus ou du moins de dureté.

9. Les terres auxquelles on donne lesnoms de *craye noire*,de *crayon rouge*, de *craye de Venife*, &c. Elles ne different de la craye décrite au n°. 8 que parce que celle-là eft blanche, feche & maigre, au lieu que ces dernieres font unies, liffes & d'un grain plus fin & plus délié.

10. *La moelle de pierre* (*medulla faxorum*) a beaucoupde rapport avec les terres marneufes, fi ce n'eft qu'elle eft plus compacte que ces dernieres, & ne s'employe point aux mêmes ufages. C'eft de cette efpéce que font différentes terres marbrées ou mouchetées, telles que celles qu'on nomme *terra miraculofa Saxoniæ*,&c. On remarque une grande variété de couleurs dans ces terres.

11. *La terre d'ombre* , qui eft ordinairement une terre mêlangée dont on fe fert dans la peinture & la teinture : voici fes trois caracteres principaux, fuivant M. Ludwig 1°. Cette terre eft toujours d'un brun plus ou moins foncé. 2° Elle ne s'imbibe point aifément d'eau. 3° Jettée dans le feu elle répand une odeur défa-

gréable. Il eſt vrai que M. Ludwig met au nombre de ces mêmes terres, les mines qui ont été briſées & diviſées, les ochres, les terres ſulphureuſes, la tourbe, le ſable, les terres pierreuſes (*terræ lapidoſæ,*) & les terres ſalines; mais comme je penſe qu'elles appartiennent à un autre genre, je remets à en parler dans un autre endroit.

Des Sels.

Les ſels ſont des ſubſtances minérales qui ſont entierément ſolubles dans l'eau, & qui impriment ſur la langue une ſenſation que l'on nomme *ſaveur.* Sans avoir égard à la diſtinction chymique qui les diviſe en acides, en alcalis, & en ſels neutres ou moyens; on en compte les eſpéces ſuivantes :

I. *Le Sel commun.*

1. *Le ſel gemme*, qu'on trouve en différens endroits des Indes Orientales, en Pologne, dans l'Archevê-

ché de Saltzbourg ; ce dernier eſt ſouvent rouge, bleu, verd, violet, &c, il eſt plus fort que le ſel tiré par la cuiſſon.

2. *Le ſel marin*, qui ſe forme ſur le bord de la mer, par l'évaporation que le ſoleil fait des parties aqueuſes. Ce ſel eſt très-groſſier.

3. *Le ſel* qui s'obtient par la cuiſſon ou l'évaporation des eaux, des fontaines ſalantes.

4. *Les terres ſalines*, telles que celles des environs de Bareuth, ſur les frontieres de Saxe, & d'autres.

5. *Les eaux ſalées*, telles que celles des marais & lacs d'eau ſalée.

II. *Le Salpêtre ou le Nitre.*

1. Il ſe trouve tout formé dans quelques caves ou ſouterreins, dans des étables, &c.

2. Dans *l'aphronitrum* ; c'eſt cependant le nitre qui en fait la moindre partie, il y eſt joint avec une grande quantité de terre calcaire.

3. Dans la terre nitreuſe, comme il s'en trouve en différens endroits ;

on en tire le falpêtre par la lixivia-
tion, l'évaporation & la cryftalli-
fation.

III. *L'Alun.*

1. On le trouve tout formé; tel
eft celui de Wettin, qui fe trouve
dans du charbon de terre; celui de
Tœplitz en Bohême, celui de Saxe,
celui de Wilicka en Pologne, qui eft
avec du bois pétrifié, &c.

2. Dans les ardoifes alumineufes,
qui font une des mines d'alun les plus
communes & les plus ordinaires.

3. Dans les pyrites alumineufes,
qui font auffi très - communément
chargées de vitriol.

4. Dans les terres alumineufes,
telle qu'eft celle de Freyenwald, &c;
mais ces terres contiennent prefque
toujours du vitriol en même tems.

IV. *Le Vitriol.*

1. On trouve le vitriol natif, ou
tout formé au Hartz, en Hongrie,
& il s'en préfente journellement dans
beaucoup d'autres endroits.

2. Dans

2. Dans les pyrites vitrioliques qui font affez connues, c'eft pour cette raifon qu'elles fe décompofent très-facilement à l'air : on en trouve dans toutes les mines.

3. Dans les terres vitrioliques, on les lave, & l'on fait évaporer & cryftallifer la leffive qu'on a obtenue : ces terres fe trouvent abondamment, & font fort connues.

4. Dans les eaux vitrioliques que l'on fait auffi évaporer & cryftallifer comme en Hongrie à Altfol & à Neufol, au Hartz près de Goflar, à Altenberg en Saxe, &c.

V. *Le Sel Ammoniac.*

A l'exception de celui qui eft natif & qui vient d'Italie & d'Egypte, on n'en a point qui ne foit fait artificiellement.

VI. *Le Borax brut* ou *Sal Tincar.*

Quoi qu'on en dife, il paroît que ce fel eft artificiel, comme le prouvent la plûpart des expériences :

ainsi on ne doit point le placer au nombre des minéraux ou subftances naturelles.

Des Subftances Inflammables.

Je place les subftances inflammables dans la troifieme claffe.

Les subftances minérales inflammables font celles qui s'allument aifément dans le feu, & y brûlent par elles-mêmes, fans que fouvent il refte rien en arriere. La premiere de ces subftances qui fe préfente eft :

1. *Le Soufre natif*, tel que celui qui nous vient d'Hongrie, d'Italie, & fur-tout du Mont-Véfuve ; il s'en trouve auffi en Saxe & ailleurs, quoiqu'il n'y foit ni fi beau ni en fi grande quantité ; il eft quelquefois d'un brun foncé, quelquefois il eft plus clair & tranfparent, rougeâtre, &c.

2. *Le Succin*, que l'on tire de la mer fur les côtes de la Pruffe ; il fe trouve pourtant auffi à une diftance confidérable de la mer, comme cela arrive près de Berlin, près de Zoednick, dans de la mine de fer, près de Reinhards en Saxe, en Sicile &

ailleurs. Souvent on trouve différens corps étrangers tels que des mouches, des araignées & d'autres insectes renfermés dans le fuccin.

3. *La poix minérale.* Il s'en trouve dans plufieurs fontaines d'Italie, de France, de la Mer-morte en Paleftine, &c. elle eft d'un brun noir, s'enflamme comme de la poix ordinaire, & en a l'odeur.

4. *Le Naphte.* Il en vient beaucoup d'Aftracan où il s'en trouve des puits entiers, c'eft un bitume liquide, fort épais, d'une couleur foncée, il s'allume très - promptement, & eft long-tems à brûler ; les habitans du pays s'en fervent pour fe chauffer & pour préparer leurs alimens.

5. *Le Pétréole* ne differe du précédent que parce qu'il eft plus fluide & d'une couleur moins foncée ; on en trouve à la furface de quelques eaux de fontaines, en France & en Italie.

6. *L'Ambre gris.* On place ordinairement dans la même claffe l'ambre gris, parce qu'il a la propriété

de s'enflammer aifément & de répandre en brûlant une odeur minérale ;
il vient des Indes Orientales. Cette
fubftance n'a point encore été fuffifamment examinée.

7. *Le Charbon de terre*, qui eft
très-connu ; on en trouve en Angleterre, en Suede, en Bohême, en
Saxe près de Hall, en Hainault,
&c. Il brûle avec force & donne
une chaleur très-vive, on en compte trois efpéces. 1° Les vrais charbons de terre, dont les uns font
compacts, & les autres font feuille-
tés comme l'ardoife. 2° Une efpéce
de bois, qui, fuivant les apparences,
a été enfeveli en terre par quelque
grande inondation, & qui, par la
fuite des tems, s'eft imprégné fous
terre d'un bitume terreftre très-aifé
à enflammer. 3° De fimples charbons
de terre, qui ne paroiffent avoir
pris du corps & de la confiftence
qu'au moyen du bitume terreftre.
On trouve fouvent du vitriol & de
l'alun natif dans ces trois efpéces de
charbon minéral.

8. Il y a auffi des terres qui s'en-

flamment par elles-mêmes, c'est-à-
dire, sans addition, & qui répandent une odeur agréable, telle est
celle de Merfebourg en Saxe, d'Ar-
der, & celle de Gera. J'en ai vûe
qui avoit l'odeur de la *Gomme ani-
mée.*

9. *La Tourbe.* Elle n'appartient
qu'en partie au regne minéral ; ce
font les végétaux qui conftituent fa
portion principale : en effet, on fçait
que la tourbe n'eft compofée que de
petites racines pénétrées par du bitume terreftre, ce qui leur donne de
la folidité & de la difpofition à brûler. M. le Profeffeur Ludwig & d'autres ont placé la tourbe au rang des
terres ; mais je crois être autorifé à
la placer ici, à caufe de fa propriété. Je
rapporterai ce que le même M. Ludwig dit d'une efpéce de tourbe toute
particuliere, dans fon Traité *de terris
Mufæi Regii Drefdenfis*, pag. 174
& fuiv. Elle vient du Royaume de
Naples, des environs du Mont Ser-
culi, eft compofée de terreau, d'un
bois à moitié décompofé, elle eft
d'un brun noirâtre, parfemée de rayes

E iij

blanches ; elle brûle comme toute autre tourbe ; mais quand on l'arrofe, elle produit des champignons très-bons à manger.

Des Métaux.

Pour fuivre l'ordre que je me fuis propofé, je vais parler des métaux. Les métaux font des corps foffiles, folides, durs, opaques, brillans, fonores, colorés, pefans, fufibles par eux-mêmes, dont les uns font fixes & ductiles, & d'autres font volatiles & caffans ; les premiers s'appellent métaux *parfaits*, les derniers fe nomment métaux *imparfaits*.

Avant que de parler des Métaux, il eft bon de dire quelque chofe de leur formation. Il n'eft point décidé que les métaux aient été dès le commencement du monde dans l'état où nous les voyons, c'eft-à-dire, diftribués dans les filons & dans les fentes des montagnes, quoique quelques Auteurs fe foient donné beaucoup de peine pour nous prouver cette opinion : en effet, nous les voyons fe former journellement, mais comme la nature ne fe montre jamais qu'à demi, nous fommes obligés de juger des caufes par les effets. Quelques Auteurs ont attribué la formation des métaux à un Efprit univerfel: d'autres ont cru qu'ils étoient produits par le mercure feul ; & d'autres s'en font formé beaucoup d'idées différentes. Il me paroît que l'opinion la plus probable eft celle qui attribue la formation des métaux aux fluides, tels que font l'air & l'eau. Je fuppofe que les principes ou élémens des métaux font déja tout formés dans les lieux les plus profonds de la terre ; ces parties élémentaires font diffoutes & entraînées, foit par les exhalaifons fouterreines, foit par les eaux qui s'y trouvent dans le fein de la terre ; cette diffolution s'opere par une fermentation réelle, qui détruit la liaifon qu'elles ont eue jufques-là entre elles, & qui les réduit en particules très-déliées ; alors de péfantes qu'elles étoient elles deviennent affez legeres pour que les exhalaifons & les eaux les portent dans les fentes & efpaces vuides qui font dans le fein

de la terre. Pour que ces parties
foient mifes en diffolution par les
exhalaifons ou vapeurs, il faut de la
chaleur qui les développe & qui les
volatilife. C'eft de cette maniere que
fe forment les mines arfénicales, les
mines de cobalt & les mines fulfureufes, qui fe volatilifent à une chaleur modérée, & qui en fe volatili-
fant entraînent une portion affez
grande de parties métalliques. Au
contraire pour que la diffolution fe
faffe par les eaux, il faut qu'elles contiennent des parties falines, & des
parties terreufes très-déliées. La diffolution de la premiere efpéce, fait
de la mine d'argent rouge arfénicale femblable à du cinnabre qui a été
fublimé, de la mine fulfureufe d'antimoine femblable à de la barbe de
plume, &c. La diffolution de la feconde efpéce, c'eft-à-dire, celle qui
fe fait par le moyen de l'eau, nous
préfente des eaux cémentatoires, &
nous fait trouver dans les anciens réfervoirs, des fouterreins, des incruftations chargées de mines; & fi l'on examine ces eaux elles-mêmes, on trouve
qu'elles font très-chargées de par-

ties métalliques. Il arrive affez fouvent que la nature eft troublée dans fes opérations, avant que d'avoir achevé fon travail; c'eft pour lors qu'on tombe affez communément fur une efpéce de *Guhr*, qui eft une fubftance blanche comme du lait, épaiffe, qui fe durcit à l'air, & qui fouvent eft de l'argent tout pur; pour lors les Mineurs difent: *Nous fommes venus de trop bonne heure.* On peut tirer de-là & d'autres circonftances, les conféquences fuivantes, pour éclaircir nos doutes fur la formation des métaux dans les filons. 1° Les parties élémentaires des métaux font déja toutes formées dans le fein de la terre. 2° Ces parties font mifes en diffolution, foit par les exhalaifons, foit par les eaux fouterreines; elles en font atténuées & divifées au point de pouvoir être portées par ces fluides dans les fentes & cavités des montagnes. 3° Ces parties métalliques font journellement ainfi entraînées dans le fein des montagnes. 4° Lorfqu'elles font portées fur une roche ou pierre, dont le tiſſu eſt aſſez large pour donner paſſage aux eaux, elles y dépoſent les parties métalliques dont elles ſe ſont chargées, & par-là la pierre devient métallique, & fait une mine. Mais ſi la roche eſt ſi dure & d'un tiſſu ſi ſerré que ni les exhalaiſons ni les eaux ne puiſſent y paſſer, elles ne dépoſent le métal dont elles ſont chargées qu'à la ſurface de la roche; pour lors le métal qui s'y trouve eſt natif ou tout formé : c'eſt ainſi que nous trouvons de l'argent natif ſur de la pierre cornée, ſur des grenats, ſur du quartz, &c. Mais ſi le tiſſu de la pierre eſt trop poreux, les exhalaiſons & les eaux la traverſent ſans ſe décharger de leurs parties métalliques, de-là vient que nous trouvons ſi peu de grais qui ſoit riche en métal.

Ni les exhalaiſons ni les eaux ne peuvent produire leurs effets pour la diſſolution & le tranſport des métaux, lorſqu'une montagne eſt entierement dépourvûe de fentes : en effet, il faut que ces vapeurs & ces eaux trouvent des routes dans leſquelles elles puiſſent circuler & dépoſer le corps qu'elles ont mis en diſſolution; ſi ces corps font métalliques, elles font de la mine, comme nous l'avons dit ; s'ils font falins, elles forment du vitriol natif, de l'alun, du fel gemme, du falpêtre, &c. s'ils font terreux, elles forment du Spath, des incruftations, des ftalactites, &c.

Enfin, on voit clairement par ce qui précéde, que les fentes des montagnes font le commencement des filons ; cette conjecture eft confirmée par ce que j'ai dit dans le Chapitre II, en parlant des fentes & filons. En effet, ou la roche fe pénetre de vapeurs & des eaux chargées de parties métalliques, & par-là, la mine y eft répandue, ou le métal pur s'en dégage pour s'attacher à la furface d'une pierre ou roche qui a une fente, ou même il remplit entierement la capacité de cette fente, ce qui forme un filon qui eft plus ou moins riche fuivant le plus ou le moins de fubftance métallique qui eft venue le remplir. Il arrive affez fouvent que ces vapeurs ou ces eaux qui fervent de véhicule au métal fe portent fur des pierres, des terres, & même fur des

E v

métaux d'une autre efpéce que celui dont elles font chargées, & elles le mêlent avec ces fubftances ; de-là vient ce mêlange fouvent fi fingulier de mines que l'on trouve, & dont l'art tenteroit en vain d'imiter les combinaifons. J'ajoûterai encore à ce qui vient d'être dit, qu'il y a lieu de croire que les mines riches & chargées de métaux parfaits, doivent leur formation aux vapeurs fouterreines, au lieu que les mines compofées de métaux plus groffiers, ont été formées par un agent plus fort, qui eft l'eau ; en voilà affez fur la formation des métaux. On trouvera un plus grand détail fur les exhalaifons minérales, dans le *Traité des Moufettes*, & dans mon *Traité fur la formation des métaux & de leurs matrices.*

I. *Des Métaux parfaits.*

Les métaux parfaits fe préfentent à nous tout formés ou natifs. Un métal natif ou vierge eft celui qui eft pur & dégagé de fubftances étrange-

res, & qui a toutes les propriétés d'un
métal qui a déja paffé par la fufion.
Le premier qui fe préfente eft :

1. *L'or*, on fçait affez que ce métal ne fe trouve jamais que vierge
ou natif : comme c'eft le plus pur &
le plus parfait des métaux, il n'ad-
met dans fa combinaifon rien d'im-
pur , ce qui arriveroit s'il étoit miné-
ralifé ou fous la forme d'une mine.
On trouve donc l'or tantôt en maffes
pures comme en Hongrie, en Bohême , dans les Indes Orientales & Occidentales, fur la côte de Guinée,
appellée *Côte d'or* ; ou bien il fe trouve en paillettes, lorfqu'il a été entraîné & charié avec du fable ou avec
de la terre; on le trouve auffi attaché à la furface de différentes efpéces
de pierres, & fur-tout du caillou, de
la pierre cornée de différentes couleurs, & à peine fe trouve-t-il du
fable qui n'en contienne du moins un
petit veftige; cependant on ne fe dé-
dommageroit point des frais fi on
vouloit l'en tirer. Quant à ce que Be-
cker & d'autres racontent de l'or
trouvé dans des feps de vigne, j'ai

le malheur de ne point ajouter foi
aux chofes que je n'ai point vûes &
qui me paroiffent impoffibles. Je ne
m'arrête point non plus à parler des
prétendus fables d'or, des pyrites d'or,
& d'autres mines d'or très-pauvres,
dont quelques Auteurs font beaucoup d'étalage.

2. *L'argent* fe montre auffi fort
fouvent fous une forme native, &
on le trouve quelquefois en maffes
compactes ; on en voit des exemples
dans l'ifle des Ours en Ruffie, dans
le Duché de Wirtemberg, en Saxe,
en Hongrie, en Amérique, en Suede,
& dans beaucoup d'autres Pays. Souvent on trouve ce métal en feuillets
& en filets femblables à des cheveux
dans la pierre qui accompagne la
mine ; & même, fuivant le rapport
de Melzer, de Mathefius & d'autres
Auteurs, on a trouvé de l'argent
natif fur des racines d'arbres.

3. Il eft encore fort ordinaire de
trouver *du cuivre natif*, & l'on ne
trouve gueres de mines d'où l'on ne
tire du cuivre ; ni de cabinet d'Hiftoire Naturelle qui n'en préfente
des exemples.

4. Je n'ai jamais vû *d'étain natif*, dans lequel je n'ai point trouvé des marques visibles qu'il avoit déja éprouvé l'action du feu. Il est vrai que j'ai vû des goutes d'étain toutes formées sur des mines de ce métal ; mais ce n'étoit que sur des morceaux de mines qui venoient d'un endroit où l'on est dans l'usage de mettre le feu pour gerser & fendre la roche, & où par conséquent la violence du feu & le phlogistique des charbons avoient déja commencé à faire entrer la mine en fusion.

5. Pour *le plomb natif*, quoiqu'il soit très-rare, on ne sçauroit pourtant en nier absolument l'existence tant qu'on n'aura point découvert l'origine des grains de plomb qui se trouvent dans le voisinage de Massel en Silésie ; ainsi l'on ne peut encore décider si le plomb doit être banni du nombre des métaux natifs.

6. La plûpart des Auteurs nient l'existence *du fer natif*, & j'ai été long-tems du même sentiment ; mais M. Marggraf, célebre Chymiste de Berlin, m'a pleinement convaincu

du contraire. Ce fçavant Naturaliste eft poffeffeur d'un morceau de mine de fer natif d'Eybenftock en Saxe, dans laquèlle on voit encore les deux côtés latéraux ou lizieres du filon ; ce qui fuffit pour décider la queftion. C'eft une mine de fer brune, dans laquelle on voit plufieurs morceaux affez gros de fer natif, attirable par l'aiman, qui font flexibles comme du fil de fer, s'étendent fous le marteau, fondent dans le feu comme du fer pur, & qui ont par conféquent toutes les propriétés que doit avoir le fer natif. Cela fuffit pour prouver la réalité du fer natif. *

Voilà les métaux que la Nature nous préfente tout formés ou natifs dans le fein de la terre. Comme je ne me propofe point de faire ici une Hif-

---

* On doit joindre à ce témoignage, celui de M. Rouelle, qui a reçu une maffe de fer natif, prife au Sénégal, où il y en a des roches entieres ; ce fçavant Académicien a trouvé que ce fer étoit ductile & malléable fans aucun travail préliminaire. On conjecture que ce fer eft redevable de fa formation à quelque volcan qui aura pû faire la fonction du fourneau de forge.

toire Naturelle, je ne m'arrêterai
point à décrire la maniere dont la
Nature produit ces phénomenes, attendu fur-tout que je compte donner
dans peu un Ouvrage dans lequel
j'entrerai dans un plus grand détail
fur cette matiere. (*C'eft le Traité de
de la formation des métaux*, qui eft
à la tête de celui-ci.)

Comme ces métaux natifs ne fe
trouvent point à beaucoup près en
affez grande abondance pour fub-
venir aux befoins des hommes, nous
allons examiner les métaux minéra-
lifés.

II. *Des Mines* ou *Minerais.*

Les mines font des métaux que la
Nature a combinés dans le fein de la
terre, avec des fubftances qui leur
font étrangeres, qui ne font point
de leur effence, & qui les privent de
leurs propriétés métalliques, jufqu'à
ce qu'on les en ait dégagés par le fecours de l'Art; nous allons fuivre
pour les mines l'ordre, renverfé de
celui que nous avons tenu pour les
métaux natifs.

I. *De l'Or.*

Il n'y a point de mines d'or, comme nous l'avons déja remarqué, à moins qu'on ne voulût donner ce nom aux pierres sur lesquelles ce métal est attaché dans un état pur, ce qui produiroit un nombre infini de mines d'or ; cependant quelques exemples suffiront pour montrer que ce métal s'attache à de certaines pierres par préférence à d'autres, tels sont la pierre de corne, le quartz, les mines d'antimoine & de cinnabre, comme on voit dans les mines d'antimoine & de cinnabre d'Hongrie, de Reichmannsdorf dans le Duché de Saalfeld, de Nayla dans le Marquisat de Bareuth, de Braunsdorf près de Freyberg en Saxe, &c. Cependant l'or de ces dernieres mines est en si petite quantité qu'il ne mérite pas d'en être séparé.

II. *Des Mines d'Argent.*

Il y a un très-grand nombre de mines d'argent, telles sont :

1. *La mine d'argent vitreufe*, qui a plus ou moins de ductilité & de flexibilité ; quelquefois elle eft noire, quelquefois elle eft blanche ; elle eft compofée d'argent pur & de foufre.

2. *Le mine d'argent Merde d'oye.* C'eft de l'argent natif par filets entre-mêlés de beaucoup de terre jaune ; cette mine eft une des plus rares, elle fe trouve quelquefois par inter-valles dans quelques mines de Hon-grie ; on en a trouvé autrefois à Ehrenfriderfdorf dans la Saxe ; cette mine eft riche.

3. *La mine d'argent cornée* ; elle reffemble à la préparation chymique que l'on nomme *lune cornée*, c'eft-à-dire, à de la corne, elle eft demi-tranfparente, on peut la tailler, c'eft de l'argent prefque pur mêlé avec un peu d'arfenic.

4. *La mine d'argent rouge* ; elle eft plus commune que la précédente ; quelquefois elle eft d'un rouge foncé ; d'autres fois elle eft d'un rouge vif comme le cinnabre : elle forme fou-vent de petites cryftallifations tranf-parentes comme des rubis , elle eft

composée d'argent , d'arfenic, d'un peu de foufre & d'une très-petite portion de terre martiale qu'on découvre en faifant paffer l'aiman fur cette mine , lorfqu'elle a été grillée ; elle eft très-riche.

5. *La mine d'argent blanche ;* elle eft brillante, blanche & luifante comme de la mine de plomb, dans le voifinage de laquelle elle fe trouve très-fouvent, & elle eft tellement mélée avec elle, que l'œil a de la peine à les diftinguer , parce que cette mine d'argent qui eft très-fubtile s'infinue dans le tiffu feuilleté de la mine de plomb & l'enrichit. Cette mine d'argent, lorfqu'elle eft bien pure, donne de 20 à 30 marcs d'argent au quintal.

6. *La mine d'argent grife ;* c'eft une mine d'argent affez compacte, qui n'eft point tout-à-fait noire , mais grife comme fon nom le porte, elle fe trouve en Hongrie, en Bohême & au Hartz ; elle eft compofée d'une terre ferrugineufe & réfractaire combinée avec de l'arfenic, du cuivre & de l'argent. Quand elle ne fe trou-

ve pas dans le voifinage d'une mine plus riche , elle ne donne gueres qu'un marc d'argent au quintal. Lorfque fa couleur tire plus fur le noir , on la nomme mine d'argent *noire*; quand elle eft d'une nuance plus claire , on la nomme mine d'argent *blanche.*

7. *La mine d'argent en plumes ;* elle ne contient que très-peu d'argent , & fe volatilife très-promptement dans le feu : il eft rare qu'elle contienne plus de 4 à 5 onces d'argent au quintal ; mais mes expériences m'ont fait connoître qu'elle eft compofée d'argent , d'antimoine & d'arfénic. Lorfqu'on regarde cette mine avec un microfcope , on la voit compofée de petites colomnes cylindriques qui font difpofées confufément fans tenir les unes aux autres ; ces colomnes font élaftiques : on trouve cette mine par nids ou pelottons dans les fentes ou cavités qui font proches des endroits où fe trouvent des mines riches. On en rencontre en Hongrie , au Hartz , & dans les mines de la Mifnie.

8. *La mine d'argent noire* ; c'eſt une mine friable & en pouſſiere qui reſſemble à de la terre, elle ſe trouve dans les fentes qui accompagnent les filons ; elle paroît devoir ſa formation à la décompoſition de mines d'argent plus riches, telles que la mine d'argent rouge ou la mine d'argent vitreuſe, lorſque la chaleur interne de la terre en a dégagé le ſoufre & l'arſenic, & a fait qu'il n'eſt reſté en arriere que la partie métallique. Cette mine eſt aſſez commune au Hartz, en Hongrie, en Saxe, &c. Il y a quelques années qu'on en a trouvé à Oberſchona près de Freyberg en Miſnie ; elle étoit jointe à de la mine d'argent rouge & à de la mine d'argent vitreuſe, dont le quintal contenoit juſqu'à 113 marcs d'argent.

9. *Les terres jaunes*, nommées *Gilben* par les Allemands ; ce ſont des terres compactes d'un jaune vif, ou brunes que l'on rencontre ſouvent lorſqu'on découvre un filon ; quelquefois elles contiennent quelques onces d'argent au quintal.

Voilà les mines d'argent les plus

communes; car on ne finiroit pas si l’on donnoit le nom de mines d’argent à toutes les espéces de pierres dans lesquelles on rencontreroit par hasard quelque vestige de ce métal : telles sont les pyrites, les pierres de corne, les blendes, les terres, &c. Ce seroit passer les bornes que je me suis proposées dans ce Traité, que de vouloir entrer dans un si grand détail : d’ailleurs ces substances contiennent pour l’ordinaire une très-petite portion d’argent; joignez à cela que c’est souvent par accident que ce métal a été porté sur une telle pierre, qu’il faut moins regarder comme sa matrice que comme quelqu’autre mine qui y est contenue. C’est ainsi qu’on voit, par exemple, dans la belle collection de M. Eller des charbons de terre du pays de Hesse avec de l’argent natif. On a trouvé ci-devant de pareils charbons de terre à Hartha près de Chemnitz en Saxe, dont le quintal contenoit $5\frac{1}{2}$ onces d’argent & 36 livres de cuivre de rosette ; mais le microscope faisoit voir que l’argent venoit d’une mine d’ar-

gent grife qui y étoit mêlée. On peut
dire la même chofe des fpaths riches
en argent, des incruftations, du cuir
foffile (*corium montanum*) &c. on
conjecture la préfence des filons qui
contiennent des mines d'argent, à
la vue des *guhrs*, qui fe trouvent dans
les fentes qui vont jufqu'à la furface
de la terre : les guhrs font communément blancs ou d'un bleu pâle. Il eft
bon de remarquer que l'on doit chercher les mines des métaux précieux à
peu de diftance de la furface de la terre, au lieu que celles qui contiennent
des métaux plus communs, telles que
les mines d'argent grifes, les mines
de plomb, &c. fe trouvent plus profondément en terre, tandis que l'on
a fouvent rencontré, fur-tout anciennement, de l'argent natif, de la mine d'argent vitreufe, &c. prefque
au-deffous du terreau, & même à la
racine des arbres.

III. *Des mines de cuivre.*

1. On compte parmi les mines de
cuivre la mine de *cuivre vitreufe*,
qui

qui eſt très-riche : elle ſe trouve en Hongrie, en Suede, en Saxe & au Hartz, &c. elle eſt compacte & d'un brun noir : il y en a qui eſt ſi fuſible qu'elle ſe fond à la flamme d'une bougie. Le quintal de cette mine contient ordinairement 50 à 60 livres de cuivre.

2. *La mine rouge de cuivre.* Il s'en trouve de très-belle en Angleterre dans la mine de Predannah dans la province de Cornoüailles. Sa couleur, ſon tiſſu & ſes cryſtaux font qu'elle reſſemble parfaitement à la mine d'argent rouge.

3. *La mine de cuivre, gorge de pigeon.* C'eſt une mine de cuivre très-commune, elle varie pour la quantité de métal qu'elle contient ; elle eſt aiſée à reconnoître aux couleurs que l'on voit à ſa ſurface : ces couleurs viennent des eaux ſouterreines, qui en paſſant continuellement ſur ces mines, diſſolvent le vitriol qui ſe trouve abondamment dans cette mine, & l'apportent à ſa ſurface.

4. *La mine de cuivre griſe.* On en a déja parlé plus haut à propos des

Tome I.   F

mines d'argent ; cependant elle en diffère en ce que la vraie mine de cuivre grife eft plus riche en cuivre , mais plus pauvre en argent que la mine d'argent grife.

5. *L'ochre cuivreufe* ; c'eft une mine de cuivre d'un brun rouge , il s'en trouve de très-belle en plufieurs endroits, & fur-tout près d'Igla dans la mine de Stermina , auffi-bien que dans d'autres mines de la Mofcovie , &c. Elle contient environ 30 livres de cuivre au quintal.

6. *La pyrite cuivreufe* ; c'eft la mine de cuivre la plus connue , elle fe trouve prefque par-tout , elle n'eft pas fort riche ; cependant on en a un befoin indifpenfable dans la fufion , attendu qu'elle donne une premiere matte très-bonne.

7. *L'ardoife cuivreufe* ; * c'eft une mine de cuivre qui fe trouve par

* On devroit plutôt l'appeller mine de cuivre dans une pierre feuilletée qui a de la reffemblance avec l'ardoife, & il ne faut pas confondre cette ardoife avec celle qui fert à couvrir les toits. *Voyez la note fur les pierres calcaires.*

couches, c'eſt une roche noire feuilletée, & qui varie conſidérablement, eu égard à la quantité de cuivre qu'elle contient. Il s'en trouve dans preſque tous les environs des mines de cuivre. On connoît ſur-tout celles du Comté de Mansfeld, de Stolberg, de Straſberg, dans le Comté de Pappenheim, dans la Thuringe & la Siléſie, &c. On y trouve communément des empreintes de poiſſons, de plantes & d'autres pétrifications.

8. *La mine de cuivre verte* ; c'eſt une pierre cryſtalliſée verte, qui reſſemble aſſez au verd de montagne, elle contient de 20 à 30 livres de cuivre au quintal. On en trouve ſouvent dans les mines de cuivre du Hartz, de Neuſtadt ſur l'Orla, d'Ulonitz en Ruſſie, &c. On la nomme quelquefois *mine d'Atlas* ou *mine ſatinée* quand les cryſtaux en ſont bien formés.

9. Le *Kupfernickel*, peut auſſi être regardé comme une mine de cuivre ; mais le métal qu'elle donne n'eſt point pur, il eſt très-chargé d'arſénic & de fer & il ſe montre très-réfrac-

taire & très-aisé à dissiper dans la fusion.

Voilà les principales espéces de mines de cuivre dont les autres ne font que des dérivations qui peuvent y être rapportées; il en est de même des eaux cémentatoires d'Hongrie & des autres pays qui ont quelqu'une de ces mines pour origine, ce qui fait qu'elles contiennent un cuivre très-atténué.

A l'exception des ardoises cuivreuses, les mines de cuivre se trouvent ordinairement par filons : le *guhr* qui annonce leur préfence à la furface de la terre, est vitriolique, & par conféquent il est verd ou bleu. Le cuivre fe trouve par préférence dans la partie du milieu d'une montagne, de forte qu'il est rare de le rencontrer à une grande profondeur; il est encore plus rare d'en trouver au-deffous du terreau ou de la premiere couche de terre.

IV. *Mines d'Etain.*

L'étain, que quelques Auteurs ont nommé *plomb blanc*, (*plumbum al-*

bum) n'a que deux efpéces de mines.

1. *Les cryftaux d'étain*, que les Allemands nomment *ʒinn-graupen*, font la mine d'étain la plus riche; la forme de ces cryftaux eft cubique, leur tiffu eft feuilleté, la couleur en eft d'un brun foncé ou noir, ce qui eft le plus commun; ou blanche, ce qui eft plus rare. Quelques Auteurs ont parlé de cryftaux d'étain rouges, mais on ne les trouve que dans les endroits des fouterreins où l'on a mis le feu, ce qui fait devenir rouges les cryftaux qui étoient noirs auparavant. Ces cryftaux contiennent une grande quantité d'arfenic, qui a bien de la peine à s'en dégager dans la fufion. Ils donnent ordinairement depuis 70 jufqu'à 80 livres d'étain au quintal.

2. *La mine d'étain ordinaire*, (*ʒin-ʒwitter.*) C'eft un affemblage de petits cryftaux d'étain qui font répandus dans une matrice ou miniere toute particuliere; c'eft pourquoi elle ne contient pas autant de métal que les cryftaux d'étain, mais ils ne font pas moins chargés d'arfenic, qui a d'autant plus de peine à

s'en dégager, qu'il y rencontre beaucoup de fer avec lequel il fe combine
très-intimement, cependant ces deux
fubftances fe dépofent à la fin dans la
fufion, & forment avec une très-
petite quantité d'étain, une matiere
que l'on nomme *heerdling* en Allemand ; c'eft un mélange d'arfenic,
de fer & d'étain, qui fe fépare d'avec
l'étain pendant la fufion. C'eft auffi
des débris de cette mine d'étain que
fe forme la mine d'étain par tranfport, c'eft-à-dire, la mine d'étain
répandue dans le fable, & que les pail-
lotteurs retirent par le lavage avec
la febille fur le bord des rivieres : les
Allemands nomment cette mine, *fei-
fen-werck*, ou mine formée par tranfport. Elle n'eft compofée que des fragmens & débris de mine d'étain que la
violence des eaux, ou d'autres accidens ont détachés du filon dans lequel
la mine s'eft formée, & qui ont été
portés en divers endroits. Il eft rare
de trouver l'étain feul dans fa mine,
& fur-tout dans la mine d'étain ordinaire ; indépendamment de la partie
ferrugineufe dont nous avons parlé, il

s'y trouve encore souvent des mines de cuivre, d'argent, & même de legers vestiges d'or qu'on ne pourroit point en séparer avec profit.

On ne rencontre gueres les filons de mine d'étain à la surface de la terre, à moins qu'on n'en découvrît des fragmens comme dans les mines par transports ; on trouve communément cette mine par couches ou par grandes masses ; c'est l'Angleterre qui en fournit la plus grande quantité, aussi-bien que les Indes Orientales d'où nous vient l'étain de Malacque : on en trouve aussi en Bohême, en Saxe, dans l'Archevêché de Saltzbourg ; on en a aussi trouvé, mais en petite quantité en Suede.

V. *Mines de plomb.*

Le plomb a les mines suivantes.

1. *La Galene ;* c'est la mine de plomb la plus ordinaire : elle varie pour la forme, pour la grandeur & l'arrangement de ses cubes. Comme je n'ai dessein que d'indiquer les principales espéces de mines, je ne donnerai point une description de cha-

cune en particulier. La forme de la Galene eſt celle d'un cube compoſé de lames ou feuillets placés les uns ſur les autres. Lorſqu'elle eſt bien pure, elle contient de 60 à 70 livres de plomb au quintal, & rarement au-delà d'une once & demie ou de 2 onces d'argent ; c'eſt pourquoi on ne peut point la placer au rang des mines d'argent. Elle eſt très-aiſée à connoître par ſa forme ; cette mine n'eſt formée que par la combinaiſon du ſoufre & du plomb. On en trouve avec preſque toutes les autres eſpéces de mines ; cependant il y en a où elle eſt plus abondamment qu'avec d'autres.

2. *La mine de plomb ſpathique*, au rang de laquelle je place auſſi la *la mine de plomb verte* en cryſtaux, qui ſe trouve en Angleterre, au Hartz, à Zſchopau en Saxe, à Kroner près de Freyberg, &c. Elle a des cryſtaux comme ceux du ſpath ; il en eſt de même de la mine de plomb jaune & blanche, ſur-tout de la blanche cubique & demi-tranſparente de Tarnowitz en Siléſie, qui

reſſemble à la mine d'étain ordinaire composée de petits cryſtaux ; en effet, toutes ces mines ont le tiſſu & la forme du ſpath, & je penſe qu'elles n'en different que par les exhalaiſons métalliques qui les ont pénétrées & chargées de métal.

3. *Les terres contenant du plomb.* Elles ſont rares, cependant on ne peut point omettre ici la terre que l'on tiroit autrefois d'une mine à Johann-Georgen-Stadt, dont le quintal contenoit juſqu'à 50 livres de plomb. Il y a encore une terre ſemblable qui a été trouvée en Pologne.

Voilà les principales mines de plomb dont toutes les autres ne ſont que des variétés.

Le plomb ſe trouve communément par filons, & ſa mine devient plus riche à meſure qu'elle s'enfonce plus avant dans la terre. Le plomb a la propriété de dégager dans la fuſion l'or & l'argent des ſubſtances étrangeres qui peuvent y être jointes, d'où l'on voit qu'il eſt d'une néceſſité indiſpenſable dans les fonderies.

F v

VI. *Mines de fer.*

Le fer eſt le plus dur & le plus groſſier des métaux; on le trouve preſque par-tout, au point qu'il n'y a gueres de mines qui n'aient quelque portion de ce métal. Le fer eſt dans la plûpart des terres & des pierres; cependant on ne ſe donne la peine de le tirer que des mines que nous allons décrire, attendu qu'on ne gagneroit pas ſes frais ſi on vouloit le tirer des autres, joint à ce que le fer qu'on en obtiendroit ne ſeroit pas toujours d'une bonne qualité, & qu'on ſe jetteroit dans des dépenſes trop grandes & même inutiles, ſi on vouloit l'améliorer par le moyen des grillages, des macérations & par d'autres voies.

1. *L'hématite* ou *la ſanguine.* C'eſt la mine la plus riche, tantôt elle eſt en mammelons qui la font reſſembler à un grappe de raiſin; tantôt elle eſt par écailles, compoſées de lames ou feuilles appliquées les unes ſur les autres; tantôt elle eſt ſtriée & comme des aiguilles; quand on l'écraſe

elle est d'un rouge foncé : elle contient souvent de 60 à 70 livres de fer au quintal ; mais pour la faire entrer en fusion, on est obligé de lui joindre d'autres substances terreuses, ou des mines de fer plus pauvres.

2. *Les mines de fer communes* qui ne different les unes des autres par aucune forme particuliere, & qui sont ou brunes, ou jaunes, ou rouges, ou grises, &c : elles se trouvent tantôt par filons, tantôt par morceaux détachés, répandus de côté & d'autre, ce qu'on nomme *lese-stein* en Allemand, tantôt dans les endroits marécageux, sur-tout dans les pays du Nord, en Suéde, &c, où on les nomme *mines des marais, ou mine marécageuse*, (*minera palustris* ;) il seroit impossible de donner des descriptions de toutes ces différentes mines, on ne peut en acquérir la connoissance que par leur inspection.

3. *La mine de fer spathique*. C'est un spath blanc, qui varie pour la forme ; il s'en trouve sur-tout en Suéde, dans le Tirol, en Saxe, &c ; mais on n'en tire que très-peu de bon fer ; je

ne comprends pas fous cette efpéce
les concrétions ou cryftallifations
blanches , improprement appellées
fleurs de fer ; ce ne font que des ftalactites ou incruftations , au lieu que
le fpath dont il eft ici queftion , eft
une vraie mine de fer ; elle eft rare en
Allemagne.

4. *Les terres ferrugineufes* , telles
que l'ochre , & beaucoup d'autres ,
contiennent fouvent une grande quantité de fer ; mais elles exigent des
fondans tout particuliers pour être
traitées à la forge ; elles font affez
connues & fe trouvent fouvent dans
les fentes qui accompagnent les mines des autres métaux.

5. *L'aiman* eft une efpéce de mine
de fer, mais il ne donne qu'une petite quantité d'un affez mauvais fer ,
& n'entre que très-difficilement en
fufion. On diftingue des aimans de
deux efpéces, l'une eft des aimans
ordinaires qui attirent le fer , l'autre
eft de ceux qui le repouffent.

6. Plufieurs fubftances du regne
animal & du regne végétal pétrifiées
donnent beaucoup de très-bon fer ,

telles font le bois de chêne pétrifié d'Orbiffeau en Bohême, les grandes coquilles de Freyenwald, * à fix milles de Berlin qui font changées en mine de fer; la mine de fer de Huttenrode dans le pays de Blanken-bourg, qui eft remplie de turbinites, &c.

Ce font-là les mines de fer les plus communes & les plus connues dont on fe fert pour en tirer le métal; il y a en cependant d'autres qui contien-nent du fer en abondance, fans pour-tant que l'on en puiffe rien faire, telles font :

1. Le *Wolfram* & le *Schirl*, ce font des fubftances qui reffemblent par la couleur & le tiffu aux cryftaux d'é-tain, excepté qu'elles n'en ont point l'éclat, & qu'elles font plutôt en prif-mes qu'en cubes. Elles font compo-fées de fer, d'arfénic & d'une terre réfractaire ou difficile à fondre. On trouve ces fubftances communément

* Voyez le Mémoire de l'Auteur fur les eaux minérales & les mines d'alun de cet endroit, qui eft inferé à la fin de ce Volume.

dans le voisinage des mines d'étain ;
on a fait beaucoup de bruit sur l'or
qu'on a cru y être caché, mais, s'il
y en a par hazard, c'est en si petite
quantité qu'on ne trouveroit pas son
compte à vouloir l'en tirer.

2. *La Galene de fer* en Allemand
Eisen-glantz, elle ressemble à la galene de plomb, excepté qu'elle n'en a
point l'éclat & qu'elle est plus noire &
plus dure qu'elle ; il est très-difficile
d'en tirer le fer : je crois qu'elle est
composée de fer, d'arsénic & de soufre.

3. Les substances que les Allemands nomment *Eisen-mann* & *Ei-
sen-ram*, sont des mines de fer sauvages & réfractaires, qu'on ne traite
jamais dans les forges.

4. *L'Emeril*, il n'y a point de mine de fer plus pauvre, il entre très-
difficilement en fusion, & n'est employé qu'aux usages méchaniques.

On peut encore placer dans ce
nombre des petites pierres noires,
qui ressemblent à des lentilles ; quand
on les brise elles ont à l'intérieur le
coup d'œil du verre ; l'aiman les attire avec force. On en trouve dans

différentes rivieres de la Saxe, de la Bohême & du Pays de Hesse.

5. Presque toutes les pyrites, surtout les blanches sont composées de fer, d'arsénic & de soufre.

Voilà les mines dont l'art sçait tirer les métaux que l'on nomme *parfaits*; il ne faut point chercher ici les subdivisions de chaque espéce particuliere de ces mines, on les trouvera dans les ouvrages de MM. Wallerius, Woltersdorf, Linnæus, &c; mais la meilleure façon d'en acquérir la connoissance, sera d'examiner des collections de mines dans les Cabinets des Curieux.

Des demi - Métaux.

Nous allons actuellement décrire en peu de mots les demi-métaux. Les demi-métaux sont des substances qui se trouvent dans le sein de la terre, comme les vrais métaux, & qui comme eux, se séparent de leurs mines par le moyen du feu; mais ou ils n'aquierent jamais de consistence, ou bien ils sont toujours cassans, ne supportent qu'un dégré de feu très-foible, & ne font jamais ductiles ou ne s'étendent point fous le marteau. Nous commencerons par le mercure ou vif-argent.

I. *Le Mercure.* Tout le monde en connoît la forme, & nous ne pouvons en rapporter que trois efpéces.

1. *Le Mercure vierge*, c'eft-à-dire, celui qui eft coulant ; on en trouve fouvent dans les mines d'Hydria en Efclavonie, & en Amérique, fuivant le rapport d'Alonfo Barba.

2. *Le Cinnabre*, c'eft une mine rouge, formée par la combinaifon du foufre & du mercure, on en trouve en Hongrie, au Japon, en Siléfie, au Rifemberg ou mont des Géants, quelquefois on en a trouvé en Saxe près de Zorge, dans le pays de Blankenbourg, (& fur-tout à Almaden en Efpagne). La proportion du foufre dans le cinnabre eft à celle du mercure, comme 1 eft à 3.

3. *Les terres mercurielles*, telle eft celle qui fe trouve près d'Oflérode : ces terres font communément pourpre, ou d'un rouge foncé : elles font

graſſes au toucher, & contiennent preſque trois quarts de mercure.

Le mercure ſe trouve communément à une aſſez grande profondeur en terre, de-là vient qu'on ne le remarque gueres à la ſurface.

II. *Le Biſmuth* eſt un demi-métal qui reſſemble beaucoup à l'étain; mais il eſt très-caſſant & aiſé à diſſiper dans le feu; c'eſt le cobalt qui eſt ſa miniere & ſur-tout celui que l'on nomme *Cobalt de Biſmuth*. Il s'en trouve beaucoup en Saxe, en Franconie, &c: on s'en ſert pour en tirer la couleur bleue que l'on nomme *ſaffre*.

III. *Le Zinc*. On avoit toujours cru que le Zinc n'avoit point de mine particuliere; mais l'expérience a fait connoître qu'il y en avoit deux eſpéces, c'eſt :

1. *La Blende* ou *le crayon* (*molibdæna*) qui eſt ou noire ou luiſante comme de la poix ou rouge ou jaune. La blende eſt une pierre ou ſubſtance feuilletée & ſemblable à du métal, & bien des gens croyent qu'elle

eſt l'origine du plomb; elle eſt d'ailleurs aſſez connue.

2. *La Calamine*, eſt une ſubſtance minérale brune, jaunâtre, ſouvent griſe; on la trouve ſoit ſous la forme d'une pierre, ſoit ſous celle d'une terre, en Pologne, en Bohême, dans les environs d'Aix-la-Chapelle, en France, &c. Son uſage principal eſt dans les fonderies où l'on fait le cuivre jaune ou laiton; elle augmente conſidérablement le poids du cuivre.

IV. *L'Arſénic.* Je ne fais point difficulté de le placer au rang des demi-métaux, attendu qu'on peut en obtenir un régule de différentes manieres. On le trouve 1° tout pur ſous la forme de cryſtaux blancs, ſurtout en Saxe dans les mines de Graul, de Raſchau, de Geyer, &c. 2° On le trouve mêlé avec du ſoufre dans le ſein de la terre, c'eſt ce qu'on appelle *orpiment natif*; on en rencontre en Hongrie. 3° Dans le *Miſpikkel* ou dans la pyrite arſénicale blanche qui eſt une combinaiſon de

fer, d'arſénic, & d'un peu de ſoufre.
4° Dans tous les cobalts, tel qu'eſt :

1. *Le Cobalt arſénical* qu'on nomme auſſi *Pierre aux mouches,* * qui eſt un cobalt pur mêlé avec de la terre; on en trouve beaucoup en Saxe près de Graul & de Raſchau.

2. *Les Cobalts à couleur bleue,* qui ne contiennent point une ſi grande quantité d'arſénic, mais beaucoup de terre métallique, qui, jointe avec de l'alcali & une terre vitrifiable, donne le ſmalte, ou le ſafre.

3. *Le Cobalt écailleux* ou *teſtacé,* eſt une eſpéce de cobalt feuilleté, il donne la plus belle couleur bleue, & contient une aſſez grande quantité d'arſénic.

4. *La fleur de Cobalt,* qui eſt une excroiſſance ou effloreſcence rouge, tranſparente & cryſtalliſée, formée par l'arſénic. On la trouve quelquefois, ſur des cryſtalliſations, ſur du

* Parce qu'en Allemagne on pulvériſe ce minéral, & on le mêle avec de l'eau pour faire mourir les inſectes qui en ſont fort avides.

quartz, &c. dans les souterreins des mines où on tire du cobalt, &c.

5. *L'enduit de Cobalt*, qui se trouve à la surface des mines de cobalt & sur les pierres & terres qui sont dans leur voisinage, il est de la couleur des fleurs de pêchers ; c'est l'humidité qui le produit, c'est pour cela que des tas entiers de cobalt, quand ils ont été quelque tems exposés à l'air, se couvrent de cet enduit.

Tous les cobalts * qui viennent d'être décrits contiennent plus ou moins d'arsénic ; on peut l'en séparer

* M. Brandt sçavant Chymiste Suédois & M. Gellert, d'après lui ont prétendu que le cobalt étoit un demi-métal & avoit un régule particulier, dont la propriété est de colorer le verre en bleu ; c'est aussi le sentiment de M. Rouelle, fondé sur des expériences qu'il a eu occasion de faire, par lesquelles il a tiré un régule métallique du bleu de saffre. M. Henckel a cru que c'étoit au cuivre qu'étoit dûe la propriété de donner la couleur bleue au verre ; d'autres ont pensé que cette propriété venoit d'une terre colorante. M. de Justi dans un Ouvrage qui a pour titre *Nouvelles Vérités, Tom. I. pag. 476 & suiv.* parle d'un *Cobalt noir* inconnu jusqu'ici, qui, par la calcination, perd très-peu de son

par le grillage & par la sublimation.

V. *L'Antimoine*; je n'en compte que deux espéces de mines.

1. *La mine d'Antimoine grise ou*

poids, & colore très-bien le verre en bleu; il se trouve dans les environs de Colberg, & près du petit Zell en basse Autriche; il contient un peu d'argent, & peu ou point d'arsénic. M. de Justi croit que la couleur bleue que donne le cobalt, est dûe à une combinaison de fer avec l'arsénic; il se fonde dans sa conjecture sur une expérience qu'il tenoit d'un disciple de M. Henckel, qui l'a assuré que ce sçavant Minéralogiste ayant mêlé une partie d'arsénic avec quatre parties de limaille d'acier, fit réverbérer ce mélange, en donnant d'abord un feu doux qu'il augmenta ensuite par degrés, & qu'il fit durer pendant trois jours. Ce mélange se trouva propre à colorer le verre en bleu. Le même M. de Justi dit que la Manganèse mêlée avec de l'arsénic & calcinée donne aussi une couleur bleue au verre. On voit par-là qu'il y a encore bien des expériences à faire avant que de rien décider sur ce qui fait la base du cobalt. Le fameux Bécher, ayant à se plaindre des Saxons, menaça pour les punir, de donner aux Anglois une maniere de faire un verre bleu avec du *bell-métal*, ou métal dont se font les cloches, &c, & par-là de faire tomber leurs manufactures de bleu de saffre.

noire, qui se trouve en Hongrie, à Saalfeld près de Nayla en Saxe : elle ressemble presque à de la mine de plomb, hormis qu'elle est striée, c'est-à-dire, par aiguilles.

2. *La mine d'Antimoine rouge*; elle est ordinairement placée à la surface de la mine d'antimoine noire, & ressemble à des fleurs soyeuses très-déliées, qui se décomposent aisément à l'air; on trouve ordinairement cette mine aux mêmes endroits que la mine d'antimoine qui précéde.

Nous avons donc parcouru les métaux & demi - métaux ainsi que leurs mines. Les bornes étroites que je me suis prescrites ne me permettent point d'entrer dans un plus grand détail. Si on veut acquérir des connoissances plus profondes, on n'aura qu'à lire les ouvrages des Auteurs qui se sont plus étendus sur cette matiere, & examiner les collections de mines des Cabinets des Curieux.

Des Pierres.

Les pierres sont des corps fossiles

folides, non folubles dans l'eau, qui fe brifent en plufieurs morceaux fous le marteau, & qui ont affez de fixité dans le feu. Nous allons commencer par les pierres qui prennent le poli ou qui peuvent acquérir une furface unie & liffe. Elles font ou tranfparentes, ou demi-tranfparentes, ou opaques.

1. *Les pierres tranfparentes.* On met dans cette claffe, le cryftal de roche qui fe trouve en très-grandes maffes en Suiffe & dans d'autres pays, auffi-bien qu'en morceaux moindres & en groupes de petits cryftaux, &c. Les pierres précieufes tranfparentes, tels que les diamans, les grenats, les rubis, les émeraudes, l'efcarboucle, &c. Les cailloux les plus purs, tels que l'amétyfte, le faphire, la topafe, l'aigue-marine, la cryfolite, l'hyacinthe.

2. *Les Pierres demi-tranfparentes,* font la chalcédoine, la cornaline, l'agate & d'autres pierres qui prennent très-bien le poli ; mais qui ne font point parfaitement tranfparentes.

3. *Les Pierres opaques* font les pierres cornées d'un grain fin, les jafpes,

le porphyre, &c. & les pierres auxquelles on donne une infinité de noms différents, comme de *jafpes*, de *pouddingue*, de *pierre de petite vérole*, &c, dans les Cabinets des Curieux où on les montre. Parmi ces pierres il y en a qui fe rencontrent avec d'autres mines, telles font le quartz, le cryftal, la pierre de corne, &c. Il y en a qu'on trouve par morceaux détachés à la furface & dans l'intérieur de la terre, telles font la plûpart des pierres précieufes ; d'autres forment des maffes & compofent des montagnes entieres, comme on peut le voir dans les carrieres d'agate, de jafpe, de pierre de corne, &c. Ce font-là les pierres qui prennent le poli & une furface très-unie à caufe de l'étroite liaifon de leurs parties.

Nous allons maintenant examiner les pierres plus groffieres, & nous fuivrons dans leur arrangement l'ordre naturel indiqué par l'utilité de ces pierres pour les ufages de la vie, & que leur coup d'œil extérieur femble déterminer.

I. *Les*

I. *Les pierres à chaux* ou *pierres calcaires*, parmi lesquelles on compte,

1. *Les Marbres* de quelque couleur qu'ils soient & sous quelque nom qu'on les désigne, aussi-bien que la ferpentine.

2. *Les Ardoises non-métalliques* ; * quoique M. Pott remarque avec raison dans la continuation de sa *Litogéognosie*, qu'on ne doit point les mettre toutes au nombre des pierres calcaires.

3. Quelques espéces de spath qui après avoir été calcinées font effervescence avec des acides, & s'y diffolvent. **

4. *La Pierre à chaux ordinaire*, qui est affez connue ; elle est ou blanche ou bleuâtre : elle fe trouve par couches ou par lits, & renferme com-

* Il ne faut point confondre ces ardoifes qui font des pierres calcaires feuilletées, avec les ardoifes proprement dites, dont on couvre les toits des maifons, elles en different par le coup d'œil & les propriétés.

** Les fpaths calcaires fe diffolvent dans les acides, fans qu'on les ait calcinés préalablement.

munément un grand nombre de pétrifications, fans parler d'une infinité d'autres efpéces de pierres qui
contiennent une terre calcaire, fans
pourtant pouvoir être employées à
faire de la chaux.

II. *Les pierres Gypfeufes* ou *pierres à*
plâtre.

De ce nombre font; 1° l'albâtre,
qui eft une pierre affez connue par
l'ufage que l'on en fait pour les fta-
tues, les colomnes, &c. *

2°. *Le Spath gypfeux*, on le connoît fuffifamment, ainfi que les cryftallifations & les fluors gypfeux de
différentes couleurs.

3° Le *Glacies Mariæ*, qui vient de
Ruffie, ** d'Illmenau & d'autres endroits.

* La plûpart des Auteurs Allemands
mettent l'albâtre au rang des pierres gypfeufes, mais ils ont été fans doute induits
en erreur par une pierre qui reffemble à
l'albâtre; du moins il eft certain que l'albâtre Oriental eft une ftalactite de marbre & eft calcaire comme lui.
** Le *Glacies Mariæ* de Ruffie eft un vrai
talc, qui n'éprouve aucune altération dans

4° *Les pierres à plâtre ordinaires ,* telles que celles qui nous viennent de Zoffen & d'autres endroits , qui font fpathiques, féléniteufes, & dans lefquelles il entre d'autres mêlanges.

III. *Les Grais ou pierres fablon-neufes.*

Les pierres fablonneufes conftituent la troifieme claffe ; elles font formées par l'affemblage de petits grains de fable qui fe font liés. De cette efpéce font :

1. *Le grais ordinaire,* qui eft une pierre fuffifamment connue & dans laquelle il ne fe trouve d'autre diffé-rence que celle qu'y met la fineffe des parties.

2. *La pierre à filtrer,* au travers de laquelle l'eau paffe ; on la tiroit autrefois d'Amérique ; mais on en a découvert depuis, près de Merf-bourg & de Gera en Saxe, & M. My-

le feu ; on l'appelle auffi *Verre de Ruffie :* le *Glacies Mariæ* dont il s'agit ici étant gyp-feux eft la même chofe que le gypfe ap-pellé *Miroir des ânes* , qui fe trouve à Montmartre.

lins en a trouvé dans les carrieres de pierres à chaux de Rudersdorf, en masses affez confidérables pour nous difpenfer d'en tirer de l'Etranger.

3. *Les pierres à aiguifer*, qui fe trouvent prefque dans tous les Pays; elles ne différent que par la dureté, la couleur & la grandeur. Ces pierres font fuffifamment connues.

4. *Les pierres de touche*, dont les orfévres fe fervent pour éprouver l'or & l'argent; elles font noires; on en trouve en Bohême, en Saxe, en Siléfie. *

5. Je ne fais point difficulté de placer ici le fable ordinaire, car il eft ou le commencement d'une couche de grais, ou il eft le produit des

---

* Il paroît que la pierre de touche dont l'Auteur parle ici, eft celle que les Anciens ont nommée *Bafaltes*, & que M. Pott a décrite fous le nom de *Pierre de Stolp*, à caufe du chateau bâti au fommet d'une montagne toute compofée de cette pierre qui eft en cryftaux prifmatiques d'une grandeur déméfurée. Telle eft auffi l'amas de cryftaux du Comté d'Antrim en Irlande que l'on appelle en Anglois *Giants Caufeway*, ou pavé des Géants.

débris d'une pareille pierre; tel eſt particulierement celui des rivieres & des ruiſſeaux.

IV. *Des Pierres feuilletées.*

.La quatrieme claſſe eſt celle de quelques pierres compoſées de parties qui ſont comme des feuillets attachés les uns aux autres : il y en a dont les feuillets ne ſont attachés que foiblement ; d'autres ſont comme collés par une terre ſubtile , que l'action du feu fait partir , ſans cependant changer l'eſſence de la pierre. Les pierres de cette eſpéce ſont :

1. *Le Talc*, qui eſt une pierre feuilletée, graſſe au toucher, qui ne ſe fond point ſans addition ou par elle-même ; il y en a beaucoup en Ruſſie & en Hongrie , qui nous vient par la voie de Veniſe, quoiqu'il s'en trouve auſſi en Allemagne. On prétend qu'il y a du talc qui contient de l'or & de l'argent; mais ces métaux n'exiſtent que dans l'imagination des Alchymiſtes.

2. *Le Crayon.* C'eſt une ſubſtance minérale noire, graſſe au toucher,

luifante, & pefante, & qui noircit les mains : elle eft feuilletée comme le talc, ne fe fond point dans le feu ; l'ufage en eft purement méchanique, on en fait des crayons. M. Pott a obfervé qu'il y a du crayon qui après avoir été rougi au feu & grillé avec du foufre, eft devenu attirable par l'aiman.

3. *Le Mica* ou *Glimmer* eft une pierre formée par l'affemblage de feuillets ou de paillettes, qui font ou jaunes comme de l'or, ou blanches comme de l'argent, elles font liées par le moyen d'une terre argilleufe ; ces fubftances font infufibles. Souvent on les nomme *or de chat*, *argent de chat*.

4. *L'Asbefte* peut encore être placé ici ; les fils & les feuillets dont cette pierre eft compofée ne s'alterent point dans le feu, quoique leur liaifon en foit détruite. Cette pierre eft affez connue.

5. *La Manganèfe*. Je ferai mention dans cet endroit, des efpéces de manganèfe, quoiqu'elles paroiffent faire un genre à part ; mais comme ces pierres font très-difficiles

à fondre, & semblent composées de feuillets, comme on le remarque dans celles de Piémont & d'Osnabruck ; j'ai cru devoir les ranger dans cette classe : il est certain que suivant les observations de M. Pott, on ne peut point les placer au rang des mines de fer.

Toutes les pierres que nous venons de nommer ont leurs usages dans les besoins de la vie ; mais celles qui suivent ne sont propres qu'à satisfaire la curiosité des Naturalistes, à faire voir la façon dont les pierres sont produites & engendrées, & à présenter de la variété aux yeux. Je vais donc parler des pierres qui se distinguent des autres par une figure particuliere ; elles feront ma cinquieme classe.

V. *Les Pierres figurées.*

Je les diviserai, 1° en pierres *figurées* par la Nature ; 2° en *pétrifications.* Par pierres figurées par la Nature, j'entens celles qui nous montrent une substance ou une partie d'un corps du regne animal, ou du regne végétal, sans jamais avoir été ce qu'elles représentent ; mais qui doivent leur premiere origine au regne minéral seul, ce qui les distingue des substances pétrifiées. Les principales espéces sont :

1. *Les Pisolites*, ou pierres qui ont la forme des pois, on les rencontre souvent dans du sable. C'est aussi de cette espéce que sont les globules de marne de Chemnitz, & les prétendus yeux d'écrévisses pétrifiés.

2. *Les Oolites*, ou pierres semblables à des œufs de poissons, telles que celles qui se trouvent fréquemment dans les eaux de Carls-bade, & qui ont la même origine que les stalactites & incrustations.

3. Les pierres semblables à des amandes, qui se trouvent en beaucoup d'endroits, & sur-tout près de Zwickau, dans une montagne que l'on nomme *le Mont des amandes*.

4. *Les Carpolites*, ou pierres qui ressemblent à des fruits ; l'on voit sur une pierre assez grande une quantité considérable de petites pierres qui ont la forme de toutes sortes de

graines, comme du fenouil, de l'anis, du cumin, de la coriandre, &c ; on en trouve fur-tout près d'Ilefeld.

5. Les pierres qui ont la forme d'un cœur, & que l'on trouve auffi dans le fable.

Il y a encore un grand nombre de pierres à qui la Nature a fait prendre accidentellement une forme finguliere, que le coup d'œil fait reconnoître fur le champ ; on peut, fi l'on veut, en faire plufieurs claffes. Cependant il eft remarquable que dans la produ&ion de ces pierres, la Nature leur donne par préférence certaines figures particulieres, il y a lieu de croire qu'elle a en cela des vûes que l'on ignore & qu'elle ne s'eft point propofé un fimple jeu.

Des Pétrifications.

Après les pierres figurées, l'on doit encore remarquer les pétrifications qui font des fubftances du regne animal & du regne végétal, qui ont été tranfportées & transformées dans le regne minéral, en con

G v

fervant leur forme primitive. Nous allons confidérer :

I. *Les Pétrifications du regne végétal ;* de cette efpéce font :

1. Les bois de différentes efpéces pétrifiés, que l'on trouve prefqu'en tous lieux, & dont les cabinets des Curieux font remplis.

2. *Les plantes pétrifiées,* qui fe rencontrent fur-tout dans les ardoifes & dans les terres argilleufes qui fe font durcies.

3. *Les fruits pétrifiés,* tels que les glands, les chataignes, les noifettes, &c, quoique rares ; ces pétrifications fe trouvent dans plufieurs collections.

4. *Les feuilles pétrifiées* telles que celles de Konigflutter, & celles qu'on trouve près des eaux de Freyenwald dans des incruftations.

5. *Les racines pétrifiées,* parmi lefquelles il faut placer plufieurs efpéces d'ofteocolles, telles que celles de Maffel, celles de la Grotte de Baumann, celles de Drefde, de Freyenwald, &c, & furtout celles des en-

virons de Berlin, comme MM. Gle-
ditfch & Marggraf l'ont fait voir dans
les *Mémoires de l'Académie Royale
des Sciences de Berlin.*

6. *Les champignons pétrifiés.*

7. *Les plantes marines pétrifiées;*
telles que les retepores, madrépo-
res, coraux, &c.

II. *Les Pétrifications du regne animal;* telles font :

1. *Les os pétrifiés,* qui fe trouvent
dans un grand nombre d'endroits,
comme dans la grotte de Baumann ;
mais il faut prendre garde de ne pas
confondre des ftalactites qui s'y trouvent, avec les os dont il s'agit ici,
attendu qu'elles en ont quelquefois
la figure.

2. Les parties molles des animaux,
ce qui eft extrêmement rare ; de cette
efpéce paroît être la cervelle pétri-
fiée que l'on trouva autrefois à Aix
en Provence.

3. *Les poiffons pétrifiés* qui fe trouvent fur-tout dans l'ardoife, comme
dans celles de Pappenheim, de
Mansfeld, de Stolberg, &c.

4. *Les coquilles pétrifiées;* il y en

a une quantité immenfe ; elles font répandues fur toute la terre ; cependant on en trouve en de certains endroits plus abondamment que dans d'autres. Telles font les cornes d'Ammon, les pectinites, les cœurs de bœufs, les huîtres, les cammes, les ourfins de mer, les pierres judaïques, les bélemnites, &c, que l'on trouve ou détachées ou dans de la pierre de corne ou dans des ardoifes, ou dans du grais, &c.

Toutes ces pétrifications nous fourniffent une preuve convaincante de la formation journaliere des pierres ; mais je doute fort qu'elles prouvent un déluge univerfel, & je croirois qu'il feroit plus naturel d'attribuer leur formation à des inondations particulieres qui ont été fuivies de ces pétrifications, fans qu'il foit befoin de recourir à une époque de plufieurs milliers d'années : comment, par exemple, peut-on fçavoir l'état dans lequel dans trois ou quatre fiecles pourra fe trouver l'Ooftfrife, & l'ifle de Heyligeland, qui ont été fujettes à des inondations confidérables dans le siécle où nous sommes ; peut-être y trouvera-t on alors des pétrifications qui devront leur origine à cette nouvelle inondation ? Est-il quelqu'un qui ignore les Observations des Suédois qui nous donnent tous les ans un calcul de ce que la mer perd chez eux, dans les *Mémoires de leur Académie.*

Je pense que le peu qui vient d'être dit suffira pour faire connoître les trésors que la terre renferme dans son sein. J'ai averti le lecteur que je ne suivrois ni un ordre Chymique, ni un systême fondé sur la Géométrie pour la division de ces corps ; l'une & l'autre de ces méthodes rendroit la chose trop difficile à des Commençans, & je ne me suis proposé d'autre but que de mettre de jeunes gens en état d'entreprendre de plus grandes recherches, & de leur indiquer la route qui pourra les conduire lorsqu'ils voudront aller plus loin.

CHAPITRE V.

De la préparation des Mines.

DANS les Chapitres précédens nous avons indiqué la maniere de chercher les mines dans le sein de la terre, de les en tirer, & d'en connoître la nature; maintenant nous allons voir ce qu'il en faut faire, & comment il faut les préparer à la fusion qui doit suivre.

Les morceaux de mines qui ont été détachés du filon & qui ont été portés au-dessus de la terre, doivent d'abord être brisés & divisés en morceaux d'une grandeur raisonnable; l'on en sépare & l'on en rejette comme inutiles les pierres & roches non métalliques; mais l'on met à part la mine pure : quant aux roches du filon qui sont entremêlées de mines, on en fait le triage sur une longue table destinée à cet usage. Ce sont de petits garçons qui sont chargés de ce travail; ils se servent pour cela

d'un fort marteau dont la queue eſt
large; par ſon moyen ils briſent la
mine ou gangue en petits morceaux,
dont ils font le triage; l'on met encore à part la bonne mine, & l'on
met de même enſemble les morceaux
mêlés de roches, après les avoir ré-
duits à la groſſeur d'une noix; de-là
on porte ces morceaux au boccard,
qui eſt une eſpéce de moulin, conſtruit de la maniere ſuivante; l'on
ajuſte une roue ſemblable à celle d'un
moulin ordinaire, à l'extrémité d'un
gros cylindre de bois. Cette roue eſt
miſe en mouvement par l'eau, & fait
tourner le cylindre; ce cylindre eſt
ordinairement diviſé en 12 parties
égales, afin de pouvoir placer à une
diſtance égale les unes des autres, les
cammes qui ſoulevent les morceauxde
bois qui ſont des pilons du boccard :
communément un boccad ſimple fait
ſoulever troiſpilons;les pilons ſont des
poutres de bois très-fort, garnies par
le bout d'une maſſe de fer qui a la forme d'une enclume, c'eſt-à-dire, qui
va en s'élargiſſant, & qui a une pointe
par laquelle on la fait entrer dans le

pilon auquel on l'aſſujettit par des liens ou cercles de fer; chaque pilon a une queue qui eſt un morceau de bois par où les cammes le ſoulevent en l'air. On place au-deſſous des pilons un auge de bois aſſez grand, au fond duquel on ajuſte ſous chaque pilon ſoit une pierre très-dure, ſoit une forte plaque de fer ſur laquelle le pilon écraſe le minerai. Les côtés de l'auge ſont faits de planches afin que rien de ce qui eſt écraſé n'en ſorte par le mouvement des pilons. Entre les pilons on aſſujettit des traverſes ou morceaux de bois qui demeurent immobiles, & qui empêchent que les pilons ne ſe touchent, & ne s'arrêtent les uns les autres; ſur ces morceaux de bois on attache d'autres barres qui ſervent à aſſujettir le pilon & à l'empêcher de varier. Trois pilons ainſi raſſemblés s'appellent en Allemand *Satz* ou corps de pilon.

La différence qu'il y a entre les boccards, c'eſt qu'il y en a qui pilent à ſec, d'autres pilent le minerai après qu'il a été mouillé; ces deux eſpéces de boccards ſe reſſemblent par la conftruction, la feule différence vient de ce que dans l'un il entre de l'eau dans l'auge à piler, qui entraîne les matieres terreufes, pierreufes & non-métalliques qui font plus legeres, & les fépare du minerai. Les boccards à fec s'emploient pour les mines de la bonne efpéce, ou bien pour celles qui font dans un état de divifion fi grande qu'elles s'éleveroient dans l'eau, telles font les mines des mé-taux précieux qui font répandus en particules très-déliées dans des par-ties talqueufes & dans du mica. L'eau qui a fervi dans le boccard mouillé s'écoule par un canal de tôle & va fe rendre dans un réfervoir au fond duquel, la partie du minerai la plus divifée s'arrête & fe dépofe.

Lorfqu'on ne peut avoir de boccard, il faut faire écrafer la mine à coups de maffes par des Ouvriers. Ce qui a été écrafé de l'une de ces différentes manieres, fe porte au lavoir, qui eft un affemblage de plu-fieurs Planches unies qui font dif-pofées en pente ; l'eau tombe fur ce plancher par une goutiere qui en fournit plus ou moins, suivant que les circonstances l'exigent; on peut même, quand on veut, l'arrêter entierement: ce plancher est quelquefois garni de drap ou d'une etoffe grossiere de laine. On le nomme en Allemand *plan heerde*; on s'en sert pour le lavage des mines qui contiennent des métaux précieux en particules déliées qui pourroient demeurer suspendues dans l'eau, ou en être entraînées: ces particules s'accrochent aux poils de l'étoffe, on les en détache ensuite en lavant l'étoffe même. Quand le lavoir est nud, c'est-à-dire, lorsqu'il n'est point garni d'étoffe, on y lave de certaines mines après les avoir écrasées au boccard; le lavoir garni est tout uni, au lieu que celui qui est nud, est coupé de petites rainures transversales, dans lesquelles le minerai pulvérisé s'arrête. Quelquefois, au lieu du lavoir garni, on se sert d'un autre que l'on nomme en Allemand *glauch heerde*; il est tout uni & formé de planches assemblées: quand on a soin de n'y recevoir que la juste quantité d'eau nécessaire, on peut l'employer au lavage des mines les plus subtilement pulvérisées. On a communément deux piéces d'etoffe de laine pour chaque lavoir; la premiere ou celle qui est placée à la partie la plus élevée du lavoir, se lave jusqu'à trois fois dans des cuves, ce qui ne se pratique ordinairement qu'une fois pour la piéce d'étoffe qui a été placée à la partie inférieure du lavoir. Quand on lave ces morceaux d'étoffes dans les cuves, le minerai pulvérisé ou le *schlich* de la meilleure espéce qui a été tiré du lavoir s'affaisse & tombe au fond des cuves : alors on l'appelle *hedel* en Allemand, c'est la portion qui s'est arrêtée sur le premier morceau d'étoffe du lavoir garni. Ce qui s'arrête sur le second s'appelle *sumpff*. La matiere qui se dépose dans le premier réservoir qui est au bas du lavoir, s'appelle *schlamm moyen*, & celle qu'on retire, se nomme *schlamm dur*. Voici la maniere dont le lavage se fait, tant sur le lavoir garni, que sur celui qui ne l'est pas. Lorsque le minerai pulvé-

rifé s'arrête fur les morceaux d'étoffes, on prend un outil propre à cet
ufage; c'eft un crochet court, on
fait tomber de l'eau fur le minerai
en poudre & on le pouffe & fait aller
peu à peu jufqu'au bas, en le remuant avec le crochet. Quand on
ne fait tomber que fort peu d'eau
à deffein, fur-tout lorfque tout le
minerai pulvérifé eft defcendu plus
bas fur le fecond morceau d'étoffe,
& qu'on pourroit de nouveau foulever la partie du minerai que nous
avons nommée *hedel*, en donnant
une trop grande quantité d'eau,
alors on rompt fon impétuofité en
lui oppofant quelques morceaux de
bois. Pendant que l'eau tombe fur
le minerai en poudre, un ouvrier le
remue fans ceffe avec une branche
de fapin ou avec des verges de bou-
leau, pour féparer la partie métallique d'avec celle qui ne contient
rien de bon, & pour faire en forte
que le courant de l'eau entraîne cette
derniere plus promptement. C'eft-
là le moyen de connoître très-promp-
ment la différence des parties qui

compofent le minerai ; la partie la plus riche qui eſt par conféquent la plus pefante & la plus chargée de métal, s'attache à la partie fupérieure de l'étoffe du lavoir, & à meſure qu'elle eſt plus legere & plus pauvre, elle eſt entraînée plus loin par l'eau qui tombe fur le lavoir.

Lorſqu'on n'a point de lavoirs, il faut laver avec un tamis ; alors on met le minerai pulvériſé dans un tamis dont les mailles ſont fort larges pour féparer la partie fubtile d'avec la plus groſſiere ; enſuite on en prend la partie la meilleure qu'on met dans des tamis dont les mailles ſont plus ferrées, on fecoue ces tamis dans des cuves pleines d'eau où la partie métallique, comme plus pefante, s'affaiſſe : de cette maniere le minerai le plus pur ſe dégage de celui qui l'eſt moins. Ce qui reſte fur les tamis & qui ne contient que très-peu de minerai ſe nomme *aftern*. Cette derniere maniere de laver eſt longue & couteuſe : jamais on ne pulvériſe auſſi parfaitement que par le moyen des boccards & des lavoirs ordinaires; ce qui fait qu'on ne peut se dispenser d'en avoir dans les mines dont l'exploitation est d'une grande importance.

Ce sont-là les premiers travaux par lesquels on fait passer les mines qui ont été tirées du sein de la terre, avant que de les porter à la fonderie. Nous allons maintenant examiner les préparations qu'elles subissent, avant que de donner dans sa pureté, le métal qu'elles contiennent.

Nous ne pouvons mieux diviser ces travaux, qu'en les partageant en traitement en petit, qu'on nomme *essais*; & traitement en grand, qu'on nomme *Métallurgie*; nous les examinerons séparément. Le premier de ces travaux nous apprend ce que nous avons le droit d'attendre du second.

CHAPITRE VI.

De l'essai des Mines.

QUAND la mine a passé par toutes les préparations que nous avons décrites, on la porte dans l'attelier, & on la met au magasin; on l'humecte de peur que le feu n'y prenne lorsqu'elle est entassée, attendu que cela l'appauvriroit; mais avant que de la livrer tout-à-fait à l'action du feu, il faut d'abord voir combien le quintal de mine contient de métal, afin de sçavoir à peu près si l'on pourra retirer les frais, & les profits que l'on aura lieu d'espérer, & pour s'assurer des effets que le feu produit sur la mine; on fait donc un tas de la mine, & l'on en prend des portions en plusieurs endroits du tas qu'on en a fait; on mêle le tout dans une écuelle; l'on n'en prend qu'une quantité, cette opération se nomme *lotissage*. Nous allons commencer par l'essai des mines d'or; mais nous avons encore

quelque chose à dire des travaux pré-
paratoires. Nous ne décrirons pourtant pas les fourneaux d'essai, on en
peut voir la représentation & la description dans tous les traités de Doci-
mastique & de Métallurgie : on en
trouvera un dans l'Estampe ou Frontispice. Il n'est pas non plus nécès-
saire de s'arrêter à décrire les creu-
sets ; les meilleurs sont ceux du pays
de Hesse, faits avec la terre ferrugineuse d'Almerode ; les tests à
vitrifier qui se font avec de l'argille
bien pure & bien lavée ; les grandes
& les petites coupelles qui se forment dans des moules & qui sont
faites de spath, ou bien, ce qui vaut
encore mieux, d'une partie de cendres bien lessivées, & de deux parties d'os de veaux bien calcinés :
toutes ces choses sont si connues
qu'il est inutile d'en parler ; ce seroit s'éloigner encore plus de notre
but que de décrire les instrumens
tels que les pinces, les crochets, &c,
dont on se sert dans les fonderies :
nous dirons cependant plus loin quelque chose des fondans, sur-tout de

ceux

ceux dont on fe fert dans les Effais
parmi lefquels le flux noir & le flux
blanc occupent le premier rang ; enfuite vient le fel alcali fixe qu'on
employe avec fuccès dans un grand
nombre de fufions ; c'eft ordinairement la potaffe bien purifiée qu'on
employe pour cet ufage. Le verre
de plomb eft encore très-utile dans
les Effais ; mais il n'eft pas néceffaire
pour s'en procurer, de faire exprès
un mêlange avec du minium ou de
la litarge & des cailloux pulvérifés ;
il fuffit de prendre les fcories fines
& déliées qui reftent fur le teft à
vitrifier, au-deffus de l'œuvre, ou
du régule de plomb, & qui ne font
que du verre de plomb. On employe encore affez fouvent au lieu
de la limaille de fer, du colcothar,
qui eft le réfidu de la diftillation de
l'huile de vitriol. Toutes ces chofes
trouvent leur place dans l'attelier
où fe font les effais. Nous ne parlerons point non plus des diffolvans
humides, tels que l'eau-forte, l'eau
régale, l'efprit & l'huile de vitriol,
l'efprit de fel, &c, ils font fuffi-

famment décrits dans tous les Livres de Chymie & de Docimafie ; on y trouvera la maniere de les préparer. Mais il eft important que les Commençans fe mettent au fait des poids. d'effai.

Comme dans les effais le quintal fe divife en cent livres, il eft bon de fçavoir que les métaux précieux fe comptent par demi-livres, que l'on nomme *Marcs*, au lieu que les métaux communs fe comptent par livres. Ainfi on dit que le quintal d'une mine contient 12 marcs d'argent, au lieu de dire qu'il en contient 6 livres, &c; mais comme il n'eft pas poffible de faire tenir un quintal de mine à la fois dans un fourneau ou pour en faire l'effai, ou pour le paffer à la coupelle, l'on a imaginé un poids fictif, fuivant lequel on pefe la mine qu'on veut effayer. Ce poids eft formé d'après le poids de proportion. Pour expliquer comment cela fe fait, je ne puis mieux faire que de rapporter ici ce que dit M. *Kiefling* dans fa *Docimafie*; voici comment il s'exprime : « Pour faire la di-

» vifion des poids qui fervent dans
» les effais ; il faut d'abord confidé-
» rer que tous les poids néceffaires
» pour cela dérivent du poids de
» proportion. Pour le former, on
» commence par divifer chaque
» marc en 8 onces ou 16 loths ou de-
» mi-onces ; chaque demi-once fe
» fubdivife en 16 parties ; ainfi 16
» multiplié par 16, donne 256 par-
» ties, qui font le commencement
» du poids de proportion. Il eft vrai
» que l'on fuppofe, comme on l'a
» dit, qu'elles font un marc ; mais
» fuivant le poids réel, elles ne font
» que le denier ou 18 grains. Ce
» marc doit encore être fous-divifé
» en 16 autres loths ou parties, à
» caufe des petites monnoyes, &
» pour plus d'exactitude, chacune
» de ces parties fe fous-divife en 16
» parties plus petites : ainfi en mul-
» tipliant 256 par lui-même, il en
» réfulte 65536 plus petites parties,
» qui font le grand marc dans le
» poids de proportion ; c'eft fuivant
» cette divifion qu'on fe regle pour
» juger toutes les monnoyes d'or &

H ij

» d'argent ; examiner leur alloi, &
» sçavoir combien de piéces de l'une
» & de l'autre sorte il entre dans le
» marc, aussi-bien que le poids de
» chaque piéce comparée au marc. *

Le même Auteur a joint ensuite plusieurs tables de comparaison de ce poids réduit avec le poids réel ou ordinaire ; nous nous contenterons de joindre ici celle qui est nécessaire pour les Essais.

* Ceux qui voudront un plus grand détail sur ces poids n'auront qu'à consulter le Traité *de la fonte des Mines* de Schlutter, publié par M. Hellot, Tome I. pag. 126 & suiv.

	1 Marc 8 onces ou 16 loths ou demi-onces...	Le quintal est divisé en	fait dans le poids de proportion.	
65536..	1 Marc 8 onces ou 16 loths ou demi-onces...			
32768..	$\frac{1}{2}$ ..... 4 .... 8			
16384..	..... 2 .... 4			
8192..	..... 1 once... 2	100 ..... livres.....	1024 parts.	1 gros.
4096..	..... $\frac{1}{2}$ 1	50	512	2 deniers.
2048..	..... 2 gros	25	256	1 denier.
1024..	..... 1	16	162	
512..	..... $\frac{1}{2}$ ...... ou 2 deniers.	8	81	
256..	..... 18 grains ou 1 denier..	4	40	
128..	..... 9	2	20 $\frac{1}{4}$	
64.		1 ..... livre......	10 $\frac{1}{8}$	
32..	On n'a pas de division plus petite dans le	...... 16 demi-onces.		
16..	poids.	...... 8		
8..		...... 4		
4..		...... 2		
2..		...... 1 demi-once.		
1..		...... $\frac{1}{2}$		
		...... $\frac{1}{4}$ de dem. on.		
		...... gros		

C'eſt-là la diviſion du poids d'eſſai ſelon **M. Kieſling.**

Nous allons maintenant paſſer à d'autres choſes néceſſaires pour eſſayer les mines ; d'abord on a beſoin de plomb en grenaille pour la ſcorification des mines, il faut que cette grenaille ſoit auſſi fine qu'il eſt poſſible ; on la rend telle en faiſant fondre du plomb que l'on verſe dans une écuelle de bois frotté avec de la craye ; on l'agite fortement, & tandis qu'il ſe refroidit, on le ſecoue dans l'écuelle ; ce qui le diviſe en petits grains dont on ſe ſert enſuite pour les eſſais. Il faut que cette grenaille ſoit très-fine, afin qu'elle puiſſe ſe mêler plus intimement avec le *ſchlich*, ou avec la mine pulvériſée & préparée, & la pénétrer plus promptement dans la fuſion. Mais avant que d'en faire uſage, il faut commencer par eſſayer ce plomb à la coupelle, afin de voir combien il contient d'argent, attendu qu'il n'y a point de plomb au monde, hormis celui de Villach, qui ne contienne de l'argent. Il faudra déduire du bouton que donnera la mine, la quantité d'argent qu'aura donné un quintal de ce plomb. Par exemple, lorſqu'à un quintal d'eſſai j'ai joint huit quintaux de plomb en grenaille, ſi dans l'examen que j'ai fait de ce plomb j'ai trouvé qu'il contient encore un gros d'argent, ſi la mine me donne par l'eſſai dix demi-onces d'argent, je ne pourrois en accuſer que huit demi-onces; car les deux demi-onces de ſurplus étoient dans le plomb dont je me ſuis ſervi pour l'eſſai; & puiſque j'en ai mis huit quintaux, ils ont dû me donner 8 gros ou deux demi-onces d'augmentation, qu'il faut déduire des dix-huit onces. Il y a des mines qu'on peut coupeller ſimplement avec la grenaille de plomb; mais d'autres exigent outre cela des fondans particuliers, tels que le verre de plomb. On a recours à ces ſortes de fondans pour les mines qui ſont difficiles à fondre : ou bien ces fondans ſont des ſels, il y en a un très-grand nombre; les Ouvrages de Métallurgie en ſont pleins; les plus ordinaires ſont le ſel marin après l'avoir fait rougir , le flux noir que tout le monde connoît , & qui est composé d'une partie de nitre & de deux parties de tartre qu'on a mêlées ensemble, & qu'on allume pour en faire la détonation ; après quoi on le réserve pour l'usage. Le flux blanc, dans lequel il entre deux parties de nitre contre une partie de tartre ; chacune de ces substances se pulvérise séparément, & on les mêle ensuite sans les faire détonner. Il y a une infinité d'autres fondans dont on peut voir les descriptions dans les Livres de Chymie : c'est presque toujours les sels alcalis qui en font la base ; en fondant eux-mêmes, ils font aussi entrer en fusion & vitrifient les terres avec lesquelles les métaux fons mêlés, ou bien ils les réduisent en scories, tandis que le métal qui ne peut ni se vitrifier ni se scorifier, tombe au fond du creuset, ou du test à scorifier, ou du cône, par sa pésanteur spécifique.

Il faut encore faire mention des substances qui servent à précipiter les métaux pendant qu'ils font en fusion.

Il y a beaucoup de mines qui entrent très-bien en fusion, mais qui ne peuvent point former un régule parfait, parce que la partie métallique qu'elles contiennent reste mêlée avec les scories dans la fusion : alors on leur joint un précipitant. On ajoute, par exemple, de la limaille de fer à l'or, sur-tout lorsqu'il est chargé d'antimoine, ou quand il est uni avec de la pyrite. On joint encore ce même précipitant à la mine de plomb ou galene, qui, comme nous l'avons déja remarqué, est composée de plomb & de soufre ; le soufre émousse ainsi sa force sur le fer qu'il a de la disposition à attaquer dans le feu, & se dégage du plomb qu'il détruiroit sans cela ; cependant on peut faire l'essai d'une mine de plomb sans le secours de la limaille de fer ; mais alors il faut bien prendre garde au degré du feu. Je ne parle point ici du départ de l'or & de l'argent par la voie seche.

On a encore besoin de divers précipitans dans le départ par la voie humide, c'est-à-dire, par l'eau forte ;

mais on n'en a gueres befoin dans les effais, à moins qu'on n'obtînt des boutons d'argent qui continffent de l'or; dans ce cas on a recours à plufieurs moyens pour précipiter l'or, tels font le mercure, l'huile de tartre, &c. On peut encore le précipiter par la diffolution d'étain, alors il tombe fous la forme d'une poudre rouge que l'on appelle *pourpre minérale*, & qu'on emploie dans les émaux. On fe fert du cuivre pour précipiter l'argent qui a été mis en diffolution; on fait la même chofe par le moyen du fel marin: fi on fait fondre le précipité qu'on a obtenu de cette derniere façon, on a la fubftance qu'on nomme *lune cornée*; mais par-là l'argent devient volatil quand on veut en faire la réduction: c'eft pourquoi il faut toujours y joindre une matiere inflammable. Le cuivre diffout fe précipite par le moyen du fer, &c; mais cela eft du reffort de la Chymie: ainfi je n'en dirai point davantage fur cette matiere.

Il refte encore à parler d'une opération qui fe pratique pour les mines chargées d'arfénic, d'antimoine & d'autres fubftances que l'on nomme *rapaces* *, c'eft le grillage. Il fe fait en réduifant les mines en une poudre fine, & en les faifant calciner dans une capfule fur des charbons, jufqu'à ce qu'il n'en parte plus de fumée. Il y a auffi des mines, furtout celles qui font pyriteufes que l'on met en macération dans des diffolutions falines, ou bien on les fait rougir au feu, après quoi on les éteint dans de l'urine, dans de l'eau de chaux, & dans différentes diffolutions falines, &c. On prétend que cela meurit & donne de la fixité aux métaux qui n'ont point encore acquis une parfaite maturité; mais cette idée eft mal fondée, il eft vrai que cela peut contribuer à rendre ces mines plus fufibles, fur-tout lorfque

---

* On les nomme *rapaces*, parce que non-feulement ces fubftances fe diffipent & fe volatilifent très - aifément dans le feu, mais encore parce qu'elles entraînent avec elles des particules métalliques que l'on a intérêt à retenir.

H vj

les fels contenus dans ces diffolutions
fe combinent avec elles ; mais il n'e-
xifte point d'or ou d'argent non mûr,
car quand ces métaux ne font point
mûrs, ils ne font ni de l'or ni de
l'argent. Outre cela, ces opérations
qui peuvent réuffir en petit, font
impraticables quand il s'agit de traiter de cette maniere 4 ou 500, ou
même 1000 quintaux de mine à la
fois : ces fortes d'expériences ne fervent qu'à fatisfaire la curiofité. En
voilà affez fur les travaux prépa-
ratoires ; paffons maintenant aux
effais mêmes. On ne doit pas s'attendre à trouver ici un grand nombre
de procédés différens. MM. Cramer,
Ercker, Kiefling & plufieurs autres
habiles gens en ont décrit une infinité, nous ne ferons que parcourir
en peu de mots chaque efpéce de
mines, & indiquer ce qui eft néceffaire
pour leur effai.

Effai des mines d'Or.

Les mines d'or fe pulvérifent & fe
grillent, on les mêle enfuite avec

8, 10 ou 12 parties de grenaille de plomb, à proportion de la difficulté qu'elles ont à entrer en fusion; on pese, par exemple, 5 quintaux de plomb en grenaille, que l'on étend dans le teft à fcorifier, on met par-deffus un quintal de la mine pulvéri-fée, par-deffus laquelle on remet encore 5 autres quintaux de plomb en grenaille; de cette maniere on met dix parties de plomb contre une partie de mine : quand tout eft ainfi préparé, on place le mêlange fous une moufle dans le fourneau d'effai; on commence par donner un feu doux : lorfque tout eft devenu rouge, on pouffe le feu jufqu'à ce que le mêlange de mine & de plomb forme des gouttes & fe gonfle ; & pour que la mine fe com-bine parfaitement avec le plomb, on remue de tems en tems le mêlan-ge tout doucement avec une petite verge de fer que l'on a fait rougir : dans cette manœuvre il prend du froid; mais enfuite il faut augmenter la chaleur jufqu'à ce que tout foit dans une fufion parfaite, alors ra-fraîchiffez encore votre effai, afin que lorsque le plomb ne bouillonnera plus avec le métal dont il s'est chargé, ce dernier puisse se dégager des scories; c'est ce qu'on appelle *scorifier*. Sur la fin, donnez de nouveau une grande chaleur, tirez votre essai avec la pince, vuidez le creuset dans une lingotiere qui est une plaque de cuivre ou de tôle quarrée, garnie d'un long manche, sur laquelle on a formé plusieurs creux concaves, dans lesquels on peut verser l'essai. Après cela on sépare les scories en frappant quelques coups sur la plaque, & l'on a un régule de plomb que l'on nomme l'*œuvre*, dans lequel est contenu l'or qui se trouvoit dans la mine. On prend ce régule ou cet œuvre avec une pincette & on le met sur une coupelle qu'on a déja fait parfaitement rougir dans le fourneau, là il entre en fusion & se met à bouillonner; c'est-là ce qui s'appelle *coupeller*. Pendant cette opération le plomb s'insinue dans la coupelle; cela dure tant qu'il reste encore du plomb. Quand tout est entré dans la coupelle, l'*éclair* se fait, c'est-à-dire, que l'or demeure immobile, se couvre de différentes couleurs très-vives, & prend de la consistence. Pendant que l'on coupelle, il faut conduire le feu de la maniere suivante ; on donne chaud lorsqu'on met l'œuvre : quand la coupellation se fait, on donne un peu froid. Si par hazard on avoit donné trop froid, on mettroit du charbon ardent devant l'œil, c'est-à-dire, devant l'ouverture par où l'on fait entrer les tests & les coupelles dans le fourneau. Enfin, au moment de l'éclair on donne une grande chaleur ; cela est d'une nécessité indispensable, si l'on ne veut pas qu'il reste un peu de plomb uni avec l'argent, ce qu'on nomme *bleysack* en Allemand, & pour l'or l'essai ne se feroit point juste. Lorsqu'on ne donne point assez de chaleur, l'essai *à froid*, c'est-à-dire, qu'il demeure sans mouvement sur la coupelle ; on peut y remédier en ajoutant un peu de plomb ; mais cela contribue aussi à rendre l'essai inexact. Quand toute l'opération est faite, on retire la coupelle du fourneau, on ôte le bouton qu'on a obtenu, on le frotte pour enlever les ordures & les cendres qu'il peut avoir contractées, & on le pese dans la balance d'essai; après quoi l'essai est fini. Mais comme tous les essais qui donnent de l'or, contiennent aussi de l'argent, on sépare ces deux métaux, soit dans l'eau régale qui est le dissolvant de l'or, ou dans de l'eau-forte ordinaire qui dissout l'argent: on précipite les deux dissolutions, on édulcore le précipité, on fait fondre chacun à part; on voit par-là combien il y avoit d'or & d'argent dans le quintal de la mine que l'on a essayée.

Essai des mines d'Argent.

On fait les mêmes opérations sur les mines d'argent; on y joint les mêmes fondans, on les scorifie, on les passe à la coupelle, & l'on en fait le départ lorsqu'elles contiennent une portion d'or sensible; il y a seulement quelques observations à faire sur quelques-unes de ces mines. Il n'eſt pas beſoin de ſcorifier l'argent natif ou vierge, non plus que la mine d'argent vitreuſe qu'on peut couper au couteau, & qui n'eſt mêlée que d'un peu de ſoufre, il ſuffit de mettre ſur la coupelle ou ſur un teſt quatre fois leur poids de plomb, dont il faut connoître le contenu ; on le coupelle, & quand il commence à ſe coupeller, on y porte l'argent natif ou la mine d'argent vitreuſe : cela s'appelle *imbiber*, & l'éclair ſe fait.

Quant aux mines d'argent rouges & blanches, on doit commencer par les griller, & il faut leur joindre huit fois leur poids de plomb. Quant à la mine d'argent griſe il faut lui joindre 12 parties de plomb après l'avoir ſuffiſamment grillée.

Il n'eſt point néceſſaire de joindre du plomb pour ſervir de fondant aux mines de plomb riches en argent, elles portent leur fondant avec elles; on les mêle avec deux quintaux de flux noir & un demi-quintal de limaille de fer, & l'on couvre le tout avec du ſel marin décrépité ; mais il faut faire fondre le mêlange à la forge. Les mines d'argent ferrugineuses demandent quelquefois jufqu'à 16 parties de plomb; il s'agit donc de connoître la nature de la mine, pour fçavoir fi elle eft aifée ou difficile à fondre. Ce feroit ici le lieu de dire comment on examine la matte du cuivre, le lettier, le cuivre noir, les fuies ou enduits qui s'attachent aux parois des fourneaux de fonderie, & les craffes ou *récrémens*, pour voir s'ils contiennent de l'or ou de l'argent; mais mon but n'eft que d'indiquer à des Commençans la maniere de faire l'effai des pierres chargées de métaux ; & les matieres que je viens de nommer font des produits de l'art, & fuppofent des connoiffances déja acquifes. On trouvera cependant différentes façons d'en faire l'examen dans prefque tous les livres de Docimaftique.

Effai des mines de Cuivre.

Les mines de cuivre peuvent être connues de la maniere fuivante ; mais

il faut d'abord les essayer pour sçavoir ce qu'elles donnent de cuivre
noir, ensuite on examine ce que le
cuivre noir donne de cuivre de rosette ; l'un & l'autre de ces essais exige
un feu conduit avec soin. Lors donc
que l'on veut essayer une mine de cuivre, il faudra commencer par la griller,
on en prendra un quintal, on y joindra une once de flux noir, deux gros
de verre pillé, une dragme de Borax ;
on mettra ce mêlange dans un creuset
que l'on recouvrira avec du sel marin décrépité & qu'on placera au
fourneau à vent ; quand on aura fait
rougir le creuset peu à peu, on fera aller le soufflet, jusqu'à ce que le tout
soit devenu parfaitement fluide ; alors
on retirera le creuset, on le frappera
légérement afin que le régule tombe au fond, on le laissera refroidir,
& l'on trouvera un régule que l'on
nomme *cuivre noir*. Pour changer ce
cuivre noir en cuivre de rosette,
on en prendra un quintal sur une
écuelle ou capsule ; on y joindra 15
ou 20 parties de plomb, on arran-
gera des charbons aux deux côtés de

la moufle, & l'on donnera un degré de chaleur affez fort pour que le cuivre noir commence à entrer en fufion, pour lors on foufflera avec un foufflet jufqu'à ce que tout devienne parfaitement fluide, alors on ceffera de fouffler, on rafraîchira le cuivre, c'eft à-dire, qu'on ôtera une partie des charbons; la coupelle continuera encore à fe faire pendant quelque tems; à la fin la matiere fe gonflera, elle reftera tranquille & fera l'éclair; mais alors on recommencera à redonner chaud à l'effai, & enfin on le retirera tout chaud & promptement, on en fera l'extinction dans l'eau, & on pefera le bouton dans la balance. Lorfque la mine fera pauvre, on mettra quelquefois fur un quintal de cuivre noir, un quart de quintal ou un demi - quintal de cuivre déja raffiné qu'il faudra enfuite déduire du produit. On fera de même l'effai des mines de cuivre ferrugineufes; alors on retranchera feulement le verre fondu; il fe formera un régule de cuivre qui va au fond, le régule de fer fe mettra au-deffus, &

la fcorie occupera la partie fupérieure.

Eʃai des mines de Plomb.

La mine de plomb s'eʃaye de la
maniere qui a été dite plus haut en
parlant de la galene; il s'agit de fçavoir l'argent qu'elle contient. On
peut encore en faire l'eʃai dans un
teſt à vitrifier qu'on place au fourneau d'eʃai : on met quatre quintaux de flux noir fur un quintal de
mine de plomb, fans y joindre de
limaille de fer; on fait fondre le mêlange parfaitement, on fouffle avec
un petit foufflet jufqu'à ce que la matiere foit bien pure & bien claire ;
alors on retire le teſt, on le frappe
légérement pour que le régule fe dé-
poſe, & quand il eſt refroidi on en
détache les fcories.

Eʃai des mines d'Etain.

Les mines d'Etain demandent à
être fcorifiées très-promptement, on
mêle un quintal de cette mine pul-

vérifée.& bien grillée avec deux quintaux de flux noir & autant de flux blanc ; mais comme l'étain feul pourroit fe calciner ou fe réduire en chaux, on y joint de la matiere inflammable , c'eft-à-dire, un demi-quintal de poix réfine pulvérifée ; du refte on opere comme pour l'effai de la mine de plomb. M. Cramer indique la maniere de faire l'effai d'une mine d'étain dans des charbons creufés : on peut confulter là-deffus la Docimaftique de cet excellent Auteur.

Effai de la mine de Fer.

La mine de fer demande à être fortement grillée ; quand cette opération a été bien faite, l'aiman en attire déja les parties, on en mêle un quintal avec deux quintaux de flux noir , un demi-quintal de borax, un demi-quintal de potaffe purifiée ; & pour que la réduction fe faffe parfaitement, on y ajoute encore un quart de quintal de charbon pulvérifé ; on mêle le tout dans un creufet que l'on cou-

vre de fel marin ; quand le creufet
eft parfaitement rougi , on fouffle
avec force ; lorfqu'il commence à
partir des étincelles du creufet, c'eft
une preuve que l'effai eft fini : alors
on retire le creufet du feu , & on
pefe le produit. On ne peut fe difpenfer de faire entrer du charbon
dans le mêlange parce qu'il fert à réduire le fer des fcories.

Effai des mines de Mercure.

Ce font les mines de mercure qui
exigent le moins de travail : pour en
faire l'effai ; on prend autant qu'on
veut de cinnabre, ou d'une autre
mine de mercure, on le met dans une
cornue de verre de fer , on y adapte
un récipient ou ballon fort grand ,
on couvre la partie fupérieure de la
cornue avec du fable ; fi elle eft de
verre, on met du charbon par deffus
que l'on allume de haut en bas , &
l'on continue à opérer de même jufqu'à ce qu'il ne vienne plus de mercure. On peut faciliter cette diftillation en joignant à la mine partie

égale de limaille de fer. On peut encore eſſayer la mine de mercure avec deux pots, l'un de ces pots eſt percé de pluſieurs petits trous par le fond, on l'emboîte dans un autre pot qui eſt entier & rempli d'eau juſqu'à la moitié, on enfonce le pot inférieur dans la terre, on lutte avec ſoin le ſupérieur, on arrange des tuiles autour, on couvre le tout avec des charbons, on continue à chauffer juſqu'à ce qu'on ait lieu de croire qu'on l'a fait ſuffiſamment, & qu'il ne reſte plus de mercure à paſſer.

Eſſai des mines d'Antimoine, de Zinc, de Biſmuth & d'Arſénic.

L'eſſai de l'antimoine ſe fait de même que celui du mercure, c'eſt-à-dire, dans des pots adaptés les uns dans les autres. Il n'y a point d'autres obſervations à faire ſur cette opération.

On connoît la mine du Zinc, lorſqu'en la joignant avec du cuivre, elle le colore en jaune & en fait du laiton ou du cuivre jaune; ou bien en mêlant en mêlant la mine de zinc avec une matiere inflammable, & la mettant en diftillation dans une cornue, alors le zinc s'éleve fous la forme de gouttes.

Le Bifmuth paroît très-promptement dans le feu ; il ne demande que le degré de chaleur qu'il faut pour l'effai de la mine de plomb. On met dans un creufet un quintal de mine de Bifmuth avec deux quintaux de flux noir, on couvre le tout avec du fel, on met le creufet au fourneau à vent, comme dans l'effai du plomb, & l'on obtient du Bifmuth.

L'arfénic fe montre lorfqu'on grille les cobalts pour en faire le verre bleu qu'on nomme *faffre*. Pour le recevoir on bâtit des efpéces de conduits ou de cheminées horifontales qui font de pierre en commençant, & enfuite de bois ; elles ont trois aunes de haut & deux aunes de large, l'arfénic s'y attache fous la forme d'une fumée blanche, que l'on fublime enfuite dans des vaiffeaux convenables pour lui donner une forme cryftalline. Il devient ou rouge ou jaune, fuivant le plus ou moins de foufre qu'on y mêle. On peut exécuter la même chofe en petit, quand on fait griller des cobalts chargés d'arfénic dans des vaiffeaux fermés; l'on met à fublimer dans une cornue de verre au bain de fable, ce qui s'eft attaché à la partie fupérieure du vaiffeau. C'eft par une fublimation pareille que l'on fait l'effai des pyrites, & qu'on connoît fi elles contiennent du foufre.

Il n'eft pas néceffaire d'en dire davantage fur les effais des mines; quand on donneroit une infinité de procédés, on ne pourroit indiquer les dégrés de feu, c'eft une connoiffance qu'on n'acquiert que par l'expérience. Je n'ai donc voulu en donner qu'une legere idée, nous allons voir maintenant comment fe fait la fonte en grand ou la Métallurgie: nous en parcourrons les différentes branches.

CHAPITRE VII.

De la Métallurgie ou fonte des Mines en grand.

LORSQU'ON s'eſt aſſuré par les eſſais du contenu des mines & de la quantité de métal qui s'y trouve, on les porte à la fonderie pour obtenir en grand ce qu'on a obtenu en petit par les eſſais.

Avant que de décrire la maniere dont ſe fait la fonte, il eſt à propos de faire connoître aux Lecteurs les fourneaux de grillage & les différentes eſpéces de fourneaux de fonderie ; mais il feroit très-difficile de s'en faire une juſte idée, ſi on ne joignoit pas à la Deſcription des deſſeins de toutes ces choſes : je renverrai donc aux Planches qui ſont dans un grand nombre d'ouvrages, & ſurtout dans Swedenborg, *Opera Mineralia de ferro, cupro & orichalco, in-folio 3 vol.* dans le *Traité des Mines* de M. de Lochneiſſ, dans le grand

I ij

ouvrage de *la Fonte des Mines de Schlutter* * & dans beaucoup d'autres Auteurs que les Lecteurs pourront confulter. Les formes de ces fourneaux varient à un tel point que ce feroit fe jetter dans un détail immenfe que de vouloir les repréfenter ici ; on ne finiroit point non plus fi on décrivoit tous les outils qui fervent dans les fonderies. Je me contenterai donc de donner une idée générale de l'art de la fonderie, d'autant plus que chaque efpéce de mine exige un traitement particulier ; c'eft par fa propre expérience, par une connoiffance exacte de la nature de la mine, par une application du feu convenable à chaque efpéce de fubftance qu'on doit traiter, qu'on apprendra ce qu'il eft néceffaire de fçavoir. Il fuffit de dire que dans ces travaux il faut faire attention aux mêmes chofes que dans la Docimafie ou l'art des Effais ; c'eft-à-dire, 1°. dégager la mine des fubftances

* Cet Ouvrage a été publié en François en 2 vol. in-4° par les foins de M. Hellot, de l'Académie Royale des Sciences.

étrangeres avec lesquelles elle peut être mêlée. 2° Joindre à chaque espéce de mine les fondans ou additions qui lui conviennent. 3° Travailler les métaux jusqu'à ce qu'ils aient acquis le degré de pureté qui est nécessaire. Pour parvenir à ce but, la premiere opération qui se présente est le grillage de la mine.

On se sert pour cela du fourneau de grillage qui est ordinairement placé en plein air, c'est un bâtiment quarré fermé de murs par trois côtés, mais ouvert par le quatrieme ; on étend sur le sol de ces fourneaux des morceaux de bois de 5 aunes de longueur, sur lesquels on jette la mine qu'on veut griller, & l'on y joint, sur-tout lorsqu'on traite des mines de cuivre, des pyrites, comme une des additions les plus nécessaires, ensuite on allume le bois qui se consume peu à peu, & la mine se grille par l'action du feu qui la pénetre. Le bois qui a été ainsi entassé se nomme *lit de grillage*. Il ne faut point s'imaginer qu'un seul grillage suffise pour toutes les es-

péces de mines, souvent elles sont
d'une nature si sauvage qu'il faut
recommencer plusieurs fois la même
opération, en réportant la mine sur
de nouveaux lits de bois. On réitere
jusqu'à ce qu'on s'apperçoive que les
substances sauvages & d'une mauvaise qualité, aient été suffisamment
dégagées. C'est au Directeur de la
fonderie, d'après les connoissances
qu'il a des différentes mines, à décider de la quantité de fois qu'il faut
les griller, & combien de tems on
doit faire durer leur grillage, ainsi que
les espéces de mines qu'il convient
de mêler ensemble soit pour être
grillées dans un même espace de
tems, soit pour que les unes servent
à bonifier les autres; voilà la raison
pour laquelle on aime dans les fonderies à traiter des mines pyriteuses,
& même d'avoir de simples pyrites,
parce qu'elles fournissent une des
meilleures espéces d'addition qu'on
puisse désirer.

Comme je viens de faire mention
d'*additions*, je vais expliquer en peu
de mots ce qu'on entend par-là. L'on

nomme *additions* ou *fondans* dans la fonte des minerais, les subſtances que l'on y joint qui ne contiennent que peu ou point de parties métalliques, mais qui facilitent la fuſion ou garantiſſent le métal fondu d'être aiſément détruit ou décompoſé par la violence du feu aidé par le vent des foufflets. Parmi ces additions, les pyrites tiennent le premier rang. Tout le monde ſçait ce qu'on entend par pyrites ; elles ſont très-bonnes à joindre aux mines dans le grillage, parce que l'acide qu'elles contiennent, en ſe dégageant dans le feu, pénetre les terres infuſibles de pluſieurs mines, les ouvre, & par-là prépare le chemin au feu de la fonte, pour qu'il puiſſe agir avec plus de facilité ſur elles. Dans les mines chargées d'arſénic, & auxquelles il eſt étroitement lié, comme dans les cas où il a rencontré une terre ferrugineuſe ; les pyrites ſont utiles en ce qu'elles s'uniſſent très-promptement avec l'arſénic & aident à le volatiliſer, ſous la forme d'orpiment ou d'arſénic jaune. Lorſque la mine ſe travaille à crud; c'eſt-à-dire, lorſqu'on la porte au fourneau de fuſion ſans l'avoir fait griller, les pyrites opérent de la même maniere, c'eſt-là ce qui forme ce qu'on nomme la *matte crue*; plus elle eſt travaillée par les pyrites, plus elle devient propre à paſſer par les travaux ſubſéquens de la fonderie.

On doit encore mettre les ſcories au nombre des fondans ou additions; elles peuvent être d'une très-grande utilité; elles facilitent beaucoup la fuſion de la mine, elles garantiſſent auſſi le métal & l'empêchent d'être détruit par le feu; car comme les ſcories ne ſont qu'une eſpéce de verre, elles ſe fondent très-parfaitement, & ſont pourtant compactes. Orſchalk rapporte dans ſon Ouvrage qui a pour titre: *Nouvelle invention pour la liquation & la macération des Mines*, qu'une perſonne de qualité laiſſa ſéjourner 28 livres de cuivre, couvert d'une maſſe de verre, plus de trois mois dans un fourneau de verrerie, & qu'au bout de ce tems on retira ce métal ſans aucun déchet : on voit par-là à quel point les additions qui font de la nature du verre, défendent le métal contre l'action du feu.

Ce qu'on nomme le *heerd* en Allemand, eft encore une des additions les plus utiles; on entend par-là la cendre qui, dans le coupeller de l'argent, s'eft chargée du plomb qui fe réduit par l'action du feu; nous aurons occafion d'en parler ailleurs. Le *heerd* tient donc lieu du plomb ordinaire, & dans de certains cas il lui eft préférable, c'eft pourquoi il eft bon d'en avoir une provifion d'avance dans les fonderies.

Voilà les additions dont on a befoin pour la fonte des mines : il eft impoffible de donner des regles fur la quantité qu'il faut en employer ; le Directeur de la fonderie doit pour fon mêlange avoir égard à la quantité de mine qui va dans une fonte, à la quantité de métal que produit chaque fonte après s'en être afturé par des effais, & voir combien il faut y joindre de plomb, combien les mines elles-mêmes en portent avec elles, & si elles n'en ont point déja suffisamment. Il faut aussi qu'il sçache à quel point sa mine est fusible ou réfractaire au feu, & combien il est à propos d'y joindre de pyrites ou de scories. Quand il s'est assuré de toutes ces choses, & qu'il a préparé sa mine de la maniere qui a été indiquée, c'est-à-dire, par le grillage, quand il est nécessaire, & par le mélange avec les fondans ou additions; il fait mettre la mine dans le fourneau à manche, où un ouvrier destiné à ce travail, l'arrange par couches alternatives de charbons & de mine par l'ouverture supérieure du fourneau qui est maçonnée en quarré. Alors le fondeur allume le fourneau & fait aller les soufflets qui sont placés derriere le fourneau; par le vent continuel qui en sort, ils augmentent sans cesse la violence du feu : ils sont placés sur une charpente faite exprès. L'ouverture par laquelle le vent des soufflets entre dans le fourneau est garnie de fer; l'on y place la tuyere des soufflets qui est aussi de fer, afin qu'elle ne prenne point feu si aisé-

ment, outre cela on jette encore des
fcories à la partie antérieure de cette
tuyere afin de la garantir de l'action
du feu, c'eft ce qu'on appelle *faire
un nez à la tuyere*. Les foufflets font
mus ou foulevés par un cylindre garni de dents, il eft prefque femblable
à celui des boccards ou pilons, &
le cylindre eft mis en mouvement
par une roue que l'eau fait tourner.

Il feroit bon de donner ici une defcription exacte des fourneaux & des
inftrumens de la fonderie ; mais elle
feroit toujours imparfaite fi on n'y
joignoit des planches : comme il eft
impoffible d'en placer la quantité
néceffaire dans un ouvrage auffi bor-
né que celui-ci, nous renvoyons le
Lecteur aux Ouvrages de Schlutter,
de Lochneiff, de Ræfsler, de Swedenborg, &c, qui ont fuffifamment
décrit tout ce qui regarde les fonderies, & ont donné les deffeins néceffaires.

Je pourrois encore parler ici des
différens mêlanges que l'on fait des
mines pour les traiter ; mais il faudroit ou n'en parler que très-fuper-

I vj

ficiellement, ou me jetter dans un détail immenfe. En effet, ces mêlanges varient prefque toujours lorfqu'on a à traiter une nouvelle efpéce de mine, & ils dépendent tantôt de la nature de la mine, de fa fufibilité qui eft plus ou moins grande, & de la fubftance qu'elle contient; tantôt des additions ou fondans qu'on y joint, tantôt de la maniere de la fondre: en effet, quelquefois on a à traiter des mines d'argent, quelquefois ce font des mines de cuivre, &c, fans compter une infinité d'autres circonftances femblables. Nous nous contenterons donc d'examiner quelques-uns des travaux de la fonderie. Il paroîtroit naturel de commencer par le traitement des mines d'or; mais comme on n'eft jamais dans l'ufage de traiter l'or feul dans les fourneaux de fonderie, & comme on ne le traite ainfi, que lorfqu'il eft joint avec de l'argent, ou même avec du cuivre, on le fond avec ces métaux, & on l'en fépare enfuite. Il y a cependant une méthode particuliere de tirer les métaux & fur-tout l'or de fa miniere,

c'eſt par l'amalgame avec le mercure; nous en parlerons à la fin de
ce Chapitre.

Une des premieres opérations qui
ſe préſente dans le traitement des
mines d'argent riches & des mines
de plomb, c'eſt celle qu'on nomme
le *travail du plomb*. Il conſiſte à mêler des mines d'argent, après les
avoir grillées, ſi cela eſt néceſſaire,
avec des mines de plomb très-chargées de ce métal, auxquelles on
ajoute encore une portion de plomb,
cela facilite la fuſion de la mine;
le métal qu'elle contient s'en dégage & s'unit avec le plomb, les ſubſtances non-métalliques ſe mettent
en ſcories; alors on fait une ouverture au bas du fourneau; c'eſt ce
qu'on nomme *piquer*: par-là on ouvre un paſſage pour que le métal
fondu découle dans la caſſe ou dans
le réſervoir qui eſt pratiqué au pied
du fourneau, c'eſt-là qu'on puiſe le
plomb fondu qui s'eſt chargé du
métal précieux, avec des cuilleres
de fer dans leſquelles on le laiſſe refroidir & ſe figer; c'eſt ce plomb

qu'on paſſe à la grande coupelle dont nous aurons occaſion de parler dans la ſuite.

Les mines qui ſont plus pauvres, ſont préparées & ſont rapprochées à un certain point par le travail brut ou à dégroſſir avant que d'être admiſes au travail par le plomb, avec avec les mines les plus riches. Ce travail à dégroſſir ſe pratique lorſque ſans grillage ni calcination préalables, on mêle les mines avec des pyrites & des ſcories, & qu'on les fait paſſer au fourneau de fuſion ; alors on nomme *matte crue*, le produit qui en réſulte, il faut faire paſſer cette matte par pluſieurs feux différens, avant que de la joindre aux mines plus riches. Quand on a fait paſſer au fourneau de fuſion les mines des deux eſpéces de la maniere qui vient d'être dite, on obtient ce qu'on nomme la *matte de plomb* ou le *lettier*, qui eſt la ſubſtance qui ſe trouve entre les ſcories & l'œuvre ; on appelle *œuvre* le plomb qui a découlé du fourneau après la fonte & qui eſt venu ſe raſſembler dans la caſſe après s'être chargé de l'argent qui étoit contenu dans les mines. Nous ne parlerons point actuellement de la matte de plomb ; nous allons d'abord examiner ce qu'on fait de l'*œuvre* : quand il y en a ſuffiſamment pour une coupelle entiere, on prend ſéparément des échantillons de l'œuvre qu'a produit chaque fonte ; on prend ces échantillons ou eſſais en-deſſus & en-deſſous de ces morceaux ou gâteaux faits de la matiere qui a été puiſée avec des cuilleres de fer dans la caſſe, comme on a dit ci-deſſus ; on en fait l'eſſai à la coupelle, afin que le Directeur de la fonderie ſçache combien il aura d'argent à la grande coupelle. Pendant ce tems on forme la grande coupelle, qui eſt un fourneau en mâçonnerie ſur lequel, pour chaque opération, on fait une aire ou ſol avec de la cendre battue. Pendant l'opération la coupelle eſt couverte d'un couvercle de fer, qu'on nomme le *chapeau*. On le place par deſſus à l'aide d'une grue, on l'enleve promptement de la même maniere : à côté du fourneau de grande coupelle, est placé le fourneau à vent qui donne la chaleur convenable pour la coupelle, on n'y brûle que du bois. On trouvera une description détaillée de ces fourneaux dans la seconde Partie de l'ouvrage de M. Beyer Greffier des mines de Schneeberg, qui a pour titre : *Otia Metallica.* On pratique une rigole dans la grande coupelle pour retirer ou laisser écouler le plomb mêlé de cendre, que l'on appelle la *litharge.* Cette opération de la coupelle dure jusqu'à ce que tout le plomb & toutes les matieres étrangeres soient dégagées de l'argent, alors il cesse de bouillonner, il se couvre de différentes couleurs; enfin, sa surface se remplit comme de de fleurs blanches, c'est ce qu'on appelle *faire l'éclair.* Quand cela est fini, un des ouvriers fait une rainure dans l'argent encore mol & chaud, verse de l'eau par-dessus, enleve le culot ou bouton, le lave avec de l'eau & du charbon, nettoye la cendre ou les ordures qui pourroient encore y être attachées, ramasse tous les grains qui sont épars sur la coupelle & qu'on nomme *Hahnen Cocqs*. On pese le tout & on le porte dans un attelier, pour qu'il paffe par une nouvelle opération qui eft celle de *brûler l'argent*; en effet, comme l'argent n'a point encore été parfaitement purifié à la grande coupelle, il faut qu'il paffe encore par les mains d'un ouvrier; pour cela il forme un teft dans un cercle de fer avec de la cendre préparée de même que celle dont on fe fert pour les grandes coupelles, il le place fous une moufle & le fait fecher de la même maniere, enfuite il chauffe l'argent qui a fait éclair, il le brife en morceaux qu'il porte fur le teft où il le fait entrer en fufion; le teft fe charge de toutes les ordures & du plomb qui peut encore être demeuré joint à l'argent & on le rafine au point convenable qui eft de 16 deniers & 16 grains. * Il y a des endroits où l'opération de brûler l'argent fe fait avec du bois & à l'aide d'un foufflet,

* En France l'argent fin eft de 12 deniers, mais en Allemagne, il eft de 16 deniers.

dans d'autres endroits on se sert de charbon, & l'opération se fait sous une moufle avec le secours de l'air ordinaire. Quand l'argent a été parfaitement purifié on le jette dans l'eau comme après la coupellation, & on le frotte avec une brosse pour le nettoyer. Alors, il est dans l'état qu'il faut pour être porté à la monnoye. Je crois que ce qui vient d'être dit suffit pour faire connoître le travail de l'argent.

Il seroit à propos de donner ici les manieres de traiter les mines de cuivre ; mais elles sont si diverses, qu'il faudroit des volumes entiers pour les décrire même d'une façon générale, attendu qu'il n'y a point de pays où cette méthode ne varie, & où chaque espéce de mine ne demande un traitement particulier : cependant pour en donner une idée, je vais rapporter celui qui se pratique au Hartz.

Lorsque les mines de cuivre ont été grillées, on les fait passer pour la premiere fois au fourneau de fusion, qui est construit de même que celui où l’on fait fondre les mines d’argent dans ce même pays. Quand le fourneau est bien échauffé, & que la tuyere est recouverte d’un nez fait avec des scories aisées à fondre, on y porte la mine mêlée avec des scories fusibles; on joint ordinairement trois quintaux de scories sur quatre quintaux de mine. Quand la casse supérieure est remplie de métal fondu & de scories, on enleve ces scories qui nâgent à la surface du métal, & l’on continue jusqu’à ce que la casse soit entiérement pleine; alors on la laisse couler dans la seconde casse, & on divise le métal en gâteaux; ces gâteaux se forment en enlevant le métal fondu à mesure qu’il se refroidit à sa surface, pour lors il se détache facilement de la partie qui est encore fluide; ce qu’on a obtenu de cette façon s’appelle *matte crue*; on la grille 4, 5, ou 6 fois, suivant que cela est nécessaire : lorsqu’on apperçoit déja le cuivre sur cette matte grillée on la met à part, mais ce qui n’a point encore été suffisamment grillé, doit passer

encore une ou même plufieurs fois
par le fourneau de grillage; jufqu'à
ce qu'il devienne d'une pureté égale à ce qu'on a mis à part. Alors
on fait paffer toutes ces mattes par
un même fourneau, au fortir duquel
le cuivre qu'on obtient, s'appelle
cuivre noir; on le divife par gâteaux
de même que la matte crue, avec
cette différence que l'on met à part
ce qui fe trouve à la partie fupérieure du cuivre; on le nomme *fpurftein* en Allemand. Cette partie eft
la plus riche. Ces deux efpéces de
cuivre, c'eft-à-dire, celui qui eft contenu dans le *fpurftein*, & le cuivre
noir, fe portent au fourneau de liquation, parce que pour l'ordinaire
l'un & l'autre contiennent de l'argent, & c'eft dans ce fourneau deftiné à cet ufage qu'on les mêle avec
du plomb & de la litharge, & qu'on
en fait ce qu'on nomme *pains de liquation*. On eft dans l'ufage de mêler enfemble les pains de liquation
riches avec ceux qui font pauvres;
chacun de ces pains contient ordinairement 75 livres de cuivre, 225

livres de plomb, & de 7 à 9 onces d'argent ; de cette façon on met 15, 16 à 17 livres de plomb contre une demi-once d'argent. Le mêlange se fond peu-à-peu ; on enleve à mesure les scories qui se forment à la surface ; le métal mêlangé se met dans de grandes bassines ou chauderons, que l'on a enduits de glaise ; & tandis qu'il est encore chaud, on y enfonce un crochet de fer, au moyen duquel on peut soulever les pains. On les place sur un fourneau particulier destiné pour la liquation ; il est construit de briques, & garni de chaque côté d'une plaque de fer fondu, que l'on nomme *scharte* ; ces plaques sont enduites par-dedans de terre grasse, afin de les garantir de l'action du feu ; le foyer va un peu en pente, & les deux murs qui le composent, sont un peu écartés l'un de l'autre, afin que le plomb qui s'est chargé de l'argent, puisse tomber entre deux. On place les pains de liquation verticalement, & à la distance de deux empans les uns des autres ; on met de grands charbons entre deux ; afin qu'ils ne tombent point les uns fur les autres ; enfuite on les couvre entiérement de charbon , & l'on place au-deffus des charbons allumés , afin que les pains rougiffent peu-à-peu; par-là le plomb découle peu-à-peu dans la rigole qui eft au-deffous , & fe raffemble dans un baffin , où il eft tenu en fufion par des charbons ardens ; & quand tout eft coulé , on puife le cuivre qui a coulé, avec des cuilleres de fer. Sur le champ on fait l'effai de ce plomb qu'on appelle *plomb d'œuvre*, & on le met en réferve. L'on nomme *kuhn-ftœk* en Allemand les gâteaux de cuivre qui reftent au-deffus du fourneau, on les porte au fourneau de reffuage, qui eft conftruit à-peu-près comme celui de liquation ; là on les place les uns fur les autres , jufqu'à l'arche du fourneau , on met de gros charbons en-haut , afin que les pains qui font les plus élevés, foient échauffés les premiers. Alors on ajufte devant l'entrée du fourneau une porte de fer , afin que la chaleur y demeure concentrée , enfin on met des charbons allumés & du bois, afin que le fourneau s'échauffe peu-à-peu ; quand tout est consumé, on en retire les cendres, les charbons & les petits grains qui se sont dégagés, que l'on nomme des *épines* ; on remet de nouveau du bois dans le fourneau, on pousse le feu, & on le continue jusqu'à ce que les pains de cuivre aient entiérement ressué, c'est-à-dire, se soient dégagés parfaitement de tout le plomb & de l'argent qu'ils contenoient : quand cela est fait, on retire les pains qui restent tandis qu'ils sont encore chauds, & on les éteint dans de l'eau. On les place ensuite dans un autre fourneau sur des charbons allumés, on les fait fondre à un feu modéré, & en faisant aller doucement le vent des soufflets. Quand la matiere est en fusion, on suspend l'action des soufflets, ou du moins on fait marcher les soufflets encore plus doucement, on enleve les crasses du cuivre fondu, on remet dessus de nouveaux charbons ; alors on fait aller fortement les soufflets ; enfin on re-

mue le métal fondu avec une baguette de fer, & l'on regarde si le
cuivre qui s'y est attaché est assez fin
& assez pur ; quand on est content
de l'échantillon, avec un crochet on
retire les crasses & les charbons qui
sont tombés sur le cuivre, & on laisse
le métal en repos, jusqu'à ce qu'il
s'y forme une croûte ou une peau ;
quand elle est devenue assez dure,
on jette de l'eau vers la paroi du
fourneau, afin que l'eau retombe sur
le cuivre, ce qui lui fait prendre
encore plus de consistence ; alors on
le remet en gâteaux, que l'on jette
dans de l'eau froide, & que l'on fait
ensuite sécher au feu.

Ce qui vient d'être dit doit suffire
pour donner une idée de la fusion &
de la liquation du cuivre. La chose
deviendra encore plus claire par l'inspection des fourneaux & des outils
dont on se sert ; je renvoie donc le
Lecteur au grand Ouvrage de Schlutter sur la fonte des mines, à l'*Opus
minerale de cupro* de Swedenborg,
aux œuvres de Lazare Ercker, &
sur-tout pour la liquation, à l'ouvrage
d'Orschalk

d'Orſchalk qui a pour titre , *Nou-*
velle Invention pour la liquation & la
macération des mines , &c.

Le plomb que l'on a obtenu par
la liquation de la facon qui vient
d'être décrite , ſe porte à la coupelle ,
& ſe traite de la même maniere
que nous avons dit en parlant des
mines d'argent ; alors l'argent reſte
ſur la grande coupelle , on l'affine
enſuite , & on l'emploie aux uſages
néceſſaires.

De la fonte de l'Etain.

Conſidérons maintenant l'étain, &
voyons la façon de le traiter. On
écraſe la mine au boccard , on la lave
& on la grille plus que toutes les autres , parce que parmi les métaux il
n'y en a point qui ſe combine auſſi
fortement avec le fer que l'étain , au
point que le grillage même ne peut
point l'en dégager entiérement. Enſuite on fait fondre la mine avec de
la pouſſiere de charbon , en donnant
un vent très-fort des ſoufflets , l'œil
du fourneau doit reſter toujours ou-

vert, afin que l'étain puiſſe couler ſans interruption. La raiſon pour laquelle l'on fait aller fortement les ſoufflets, c'eſt que l'étain ne peut point ſoutenir la chaleur pendant longtems, & qu'il ſe calcine très-aiſément & très-promptement ; la pouſſiere de charbon le garantit en partie, & contribue auſſi d'un autre côté à en faire la réduction lorſqu'il ſe met en chaux. Quand l'étain a été ainſi traité, on le fond en grandes maſſes, ou bien on le coule en des lames larges dans des moules de cuivre qu'on nomme *grilles*, après quoi on roule les grilles pour en faire des boules que l'on rapproche à coups de marteau.

De la fonte du Plomb.

COMME la plûpart des mines de plomb contiennent de l'argent, on les traite de la même maniere que la mine d'argent dont on a parlé, ou bien on fait la réduction de la lithar-ge par l'addition du charbon ; ainſi il n'y a point de remarques particulieres à faire fur ce travail, puifque d'ailleurs on traite les mines de plomb comme celles des autres métaux.

Du traitement du Fer.

JE vais donner pour exemple du traitement de la mine de fer, celui qui fe pratique en Suede fur la mine de fer limoneufe (*Minera ferri paluftris*). On fçait que ce n'eft pas feulement en Suede que fe trouve cette efpéce de mine, il y en a en différens endroits de l'Allemagne, & même dans nos cantons ; on en trouve dans le voifinage de Freyenwalde, & on lui donne le nom d'*Oder-ftein*, ou de *pierre de l'Oder*. Voici comme on lave cette mine de fer ; on l'agite dans de l'eau dans un tonneau plein de trous, ce qui produit le même effet que les tamis que nous avons décrits plus haut ; la partie inutile qui eft la plus légere, fe dégage de la partie métallique. Enfuite on grille cette mine jufqu'à ce qu'elle femble former une maffe. Quand cela eft fait, on chauffe avec du char-

bon le fourneau de forge ordinaire ,
fans cependant faire marcher les foufflets ; on laiffe le tout l'efpace de huit
jours dans cet état , pendant ce tems
on ne met que peu de mine de fer
à la fois dans le fourneau ; au bout
des huit jours on fait aller les foufflets de la forge , & de jour en jour
on remet une plus grande quantité
de mine de fer qui fe fond dans le
fourneau ; le fer paffe ou fe coule fur
le champ , & on lui donne les formes
qu'il doit avoir , ou bien on en fait
des bombes ou des canons , &c , ou
bien on le met en groffes maffes
triangulaires , qu'on nomme des *oies*
ou *gueufes*. Le moule dans lequel on
coule le fer fondu ou fer de gueufe,
eft précifément auprès du fourneau
de forge. On remet à fondre ces maffes dans le fourneau d'affinage ; on
en fait des maffes plus petites, qu'on
nomme *teul* , & l'on en forme enfuite
des barres , des plaques & des lames;
on a des machines particulieres pour
chacune de ces opérations ; il feroit
trop long de vouloir en donner ici
la defcription.

En voilà affez fur les vrais métaux & fur la maniere de les fondre.
On eût peut-être exigé que j'euffe
donné la defcription d'un plus grand
nombre de travaux , attendu qu'ils
varient dans les différens pays, mais
dans quelles longueurs cela ne m'eût-
il pas jetté ? Outre cela , quand on
ne voit point les chofes par foi-même,
il eft très-difficile d'en prendre une
idée fur de fimples defcriptions. Par-
courons maintenant en peu de mots
les demi-métaux.

L'antimoine & le mercure fe trai-
tent en grand de la même maniere
que nous avons dit qu'on faifoit pour
l'effai en petit ; ainfi il feroit inutile
de répéter ici la même chofe.

L'arfénic s'obtient dans les atteliers où l'on traite les minéraux chargés d'arfénic ; il eft reçu dans des
cheminées de bois faites exprès ; on
fait calciner les cobalts & les mines
arfénicales pendant 5 , 6 , & même
9 heures , fuivant l'exigence des cas,
dans un fourneau à calciner ; la fumée qui s'en dégage , eft reçue dans
une cheminée de bois placée hori-

fontalement, qui peut avoir jufqu'à
200 pieds de longueur, & qui com-
munique avec le fourneau à calciner;
l'arfénic s'y raffemble & s'y attache
fous la forme d'une farine ou poudre blanche, que l'on ôte pour la
faire fublimer de nouveau. Cela fe
pratique dans les manufactures de
faffre ou de la couleur bleue.

C'eft dans ces mêmes manufactures qu'on fond le bifmuth. On commence par brifer la mine de bifmuth
avant d'avoir été calcinée, & on fait
enforte qu'elle foit en morceaux d'u-
ne groffeur médiocre, telle qu'eft un
œuf de poule ; on place à l'air libre
deux longues perches de bois, de
façon qu'elles foient à deux empans
de diftance l'une de l'autre ; on arrange deffus ces deux perches du
bois fendu en long, c'eft fur ce bois
qu'on jette la mine ; on allume le
bois, & l'on choifit pour cela le tems
où il fait du vent : on remet continuellement du bois au feu ; lorfque
tout eft confumé, on brife les morceaux de mine, on les fecoue dans
un van à l'oppofite du vent , afin

qu'il emporte les cendres & le charbon ; on fait fondre les grains de bismuth qui font reftés fur le van , on les lave , on purifie le bifmuth dans des poëles de fer, on en forme des gâteaux pour le débit ; quelquefois cependant on le coule dans des tuyaux de fer , après quoi on le fond dans des poëles.

Le zinc fe retire principalement dans les fonderies du Hartz ; il fe dégage durant la fonte des mines qui le contiennent, il s'attache au mur antérieur du fourneau , & on l'en détache en frappant deffus. On a dans ce pays un foyer moyen de cendre & de poufliere de charbon , dans lequel le zinc tombe , & eft garanti contre la trop grande action du feu qui le diffiperoit fous la forme des fleurs du zinc.

On obtient par le lavage les fels, quand ils font contenus dans de la terre ou dans une mine ; mais lorfqu'ils font contenus dans des eaux falines, il n'eft pas befoin de les tirer de cette maniere. De quelque maniere que l'on obtienne ces fels, on fait bouillir les eaux qui les contiennent dans des poëles ou chauderons de plomb ou d'autres métaux, & l'on obtient chaque espéce de sel par l'évaporation. Je ne m'arrêterai point à décrire ce travail qui est déja assez connu dans ce pays & dans presque toutes les parties de l'Allemagne.

Le soufre s'obtient communément par le grillage des pyrites sulfureuses, alors il s'éleve & se dégage sous la forme de fleurs de soufre ; on lui donne le degré de pureté convenable, soit en réïtérant la sublimation de ces fleurs de soufre, soit en les faisant fondre.

Avant de terminer ce Traité il faut que je parle encore d'une méthode dont on se sert pour tirer les métaux de leurs mines, je veux dire l'amalgame. Cette méthode ne se pratique point dans nos pays à cause de la cherté du mercure, mais elle est très-commune dans les Indes Occidentales, comme on peut voir par l'ouvrage d'Alonzo Barba ; je vais donner une description abrégée de ce travail. On commence par déga-

ger, autant qu'il eſt poſſible, la mine de ſa roche & des matieres étrangeres qui l'environnent, on la réduit
enſuite en une poudre très-fine, après
quoi on la fait calciner, ſi cela eſt néceſſaire, afin que le mercure y entre
facilement ; alors on triture fortement cette mine avec du mercure
dans de grands vaſes de terre, ou
dans des mortiers de fer ; on continue à triturer juſqu'à ce qu'on voie
que le mercure s'eſt chargé de beaucoup de métal, ce que l'on reconnoît en ce qu'il n'eſt plus ſi mobile,
& en ce qu'il a changé de couleur ;
alors on le décante de deſſus la mine, & on y remet de nouveau mercure ; on triture encore juſqu'à ce
qu'on obſerve que le mercure ne ſe
charge plus de rien ; alors on preſſe
le mercure au travers d'une peau
très ſerrée, il ſort, & le métal dont
il s'eſt chargé reſte dans la peau ; on
dégage le mercure qui eſt demeuré
uni avec le métal, ſoit en le faiſant
évaporer, ſoit en le diſtillant dans
une cornue. Quand la mine eſt trop
ſauvage & trop dure, il eſt quel-

K v

quefois néceſſaire de la diſpoſer à cette opération , en la mettant en digeſtion ou en macération , dans des eaux chargées de ſels. Ce travail eſt ſur-tout propre aux mines d'or & d'argent.

Voilà en peu de mots ce qu'on peut dire ſur le traitement des métaux & des demi-métaux ; il ſuffira pour ſervir d'une introduction : ceux qui voudront de plus grands détails, n'auront qu'à conſulter les grands ouvrages qui ont été faits ſur cette matiere ; mais il n'y aura rien de mieux que de voir les travaux de ſes propres yeux.

A la ſuite de l'Ouvrage qui précede, M. Lehmann donne aux Commençans une idée de la Juriſprudence qu'on obſerve dans les mines d'Allemagne, & il fait voir la part que le Souverain doit prendre à ces ſortes d'établiſſemens, relativement à ſes finances : mais comme les choſes ne ſont point en France ſur le même pied qu'en Allemagne , & comme l'exploitation d'une même mine ne s'y fait point par pluſieurs Compagnies différentes, on a jugé très-inutile de donner la traduction de ce morceau qui ne peut être intéreſſant que pour le pays où l'Auteur a écrit.

TRAITÉ
DES MOUFETTES,
OU

DES EXHALAISONS
pernicieufes qui fe font fentir dans les fouterreins des Mines ;

Traduit du Latin de ZACHARIE-THEOBALD, *& enrichi de remarques par* M. LEHMANN.

K vj

AVERTISSEMENT

D U

COMMENTATEUR.

LE Traité que j'offre au Public, a pour objet une matiere fur laquelle on n'a encore fait que très peu de recherches. Je n'ai pû découvrir aucune particularité fur la vie de Théobald, j'ai feulement conclu qu'il vivoit en 1542, parce que M. Kirchmayer dit à la page 85 de *fes Réflexions*, en parlant des mines de Franconie, que cet Auteur publia cette année pour la premiere fois fa *Defcription du Fichtelberg* *, à la fin de la-

---

* Le *Fichtelberg* ou Mont des Pins, eft une chaîne de hautes montagnes placée entre la Franconie & la Bohéme, dans un canton qu'on nomme *le Voigtland*.

quelle se trouve son Traité *de Halitu minerali* ; c'est sur cet Ouvrage que j'ai fait ma traduction ; j'ai cru devoir y joindre mes idées dans des remarques que j'y ai ajoutées. S'il m'est échappé quelques erreurs, je prie le Lecteur de me les pardonner.

TRAITÉ

DES MOUFETTES,

OU

DES EXHALAISONS

pernicieuses qui se font sentir dans les souterreins des Mines.

§. I.

NOTRE siécle se glorifie d'un grand nombre de Sçavans qui non contens d'observer les œuvres que le Créateur met sous nos yeux, veulent encore approfondir les mystères les plus cachés de la nature, comme on peut le voir par les écrits de plusieurs hommes habiles ; on seroit tenté de renoncer à entreprendre d'aller plus loin ; mais ce seroit une erreur que de s'imaginer que la nature n'ait qu'une ou deux voies pour dévoiler ses merveilles.

REMARQUE.

TRE'S-PEU de Naturalistes ont écrit sur cette matiere ; ainsi l'Auteur auroit eu grand tort de renoncer à son entreprise , par la raison que d'autres en ont déja donné leurs sentimens. D'ailleurs les idées de l'un servent souvent à faire naître des idées à d'autres.

§. II.

CETTE considération & d'autres raisons importantes m'ont engagé à décrire les Moufettes ou Exhalaisons minérales, qu'on nomme *schwaden* en Allemand , & à rapporter les phénomènes qu'ils produisent , sur-tout dans les souterreins des mines de *Schlakenwald* ; car il peut se faire qu'en raison de différens métaux , ces phénomènes ne soient point les mêmes en d'autres lieux, comme on peut voir dans les mines de Kuttenberg. Sans plus de préambule j'entre en matiere.

REMARQUE.

L'AUTEUR ne s'eſt propoſé d'examiner que les mines de Schlakenwald, & ne fonde ſes principes, & les preuves qu'il donne de la malignité des moufettes, que ſur la qualité des ſubſtances minérales qui s'y trouvent, & ſur les circonſtances qui les accompagnent. Nous aurons occaſion de voir par la ſuite qu'il s'eſt trompé en pluſieurs points ; nous tâcherons de rectifier ſes idées, & d'indiquer la façon de remédier aux inconvéniens des moufettes dans d'autres mines.

§. III.

CEPENDANT, avant que de parler de mon ſujet, je crois devoir commencer à lever les objections que quelques Philoſophes de mauvaiſe humeur pourroient me faire. Je ſuppoſe donc d'abord qu'il ne faut point rapporter la nature dangereufe des moufettes à celle des autres poifons, parce que nous n'arriverons point ainfi à des principes fatisfaifans pour des Naturaliftes. * En effet, il y a une infinité de fubftances pernicieufes & mortelles ; & ce n'eft pas feulement le Pont ou l'Egypte qui produifent des plantes venimeufes, il s'en trouve auffi dans les campagnes de la Saxe & dans les montagnes de la Bohême, ma patrie. De plus, le miel eft fans contredit l'aliment le plus doux, cependant il n'eft pas befoin de beaucoup d'art pour en faire un poifon très-violent **. Mais il vaut mieux cacher de pareils fecrets que de publier les preuves de ce que j'avance. Je penfe donc qu'il faut dériver les mauvaifes qualités des moufettes de la nature du métal qui fe trouve dans les endroits où elles regnent. En effet, nous voyons que les exhalaifons qui fe font fentir dans les mines de plomb, font moins dangereufes que celles des mines où l'on trouve du mercure ***, comme l'expérience le prouve. Il y a en Bohême , près de la ville de Myſa , des mines qu'on nomme *Katʒen* (les chats) dans leſquelles les ouvriers qui y ont travaillé pendant une demi-année , deviennent perclus de tous leurs membres , & incapables de continuer 'leurs travaux ordinaires.

REMARQUES.

* JE ne vois pas par quelle raiſon l'Auteur veut diſtinguer la nature de la malignité des moufettes de celle des autres poiſons ; les moufettes agiſſent toujours comme un vrai poiſon. Dans la définition d'un poiſon je n'ai égard qu'aux effets qu'il produit ſur les animaux. Un poiſon eſt une ſubſtance qui ſans endommager l'extérieur du corps d'un animal, le tue , ou lui ôte l'uſage d'un ou de pluſieurs de ſes membres. Par ſubſtance j'entens , ſoit les corps groſſiers qui tombent ſous nos ſens , & de la mauvaiſe qualité deſquels nous ne pouvons point juger par leur ſtructure extérieure , ſoit les corps qui ſans tomber ſous nos ſens, ne

laissent pas de prouver leur présence par les funestes effets qu'ils operent : les moufettes font de la derniere espéce , & par les mauvaises
qualités qu'elles communiquent à l'air
des souterreins , sans qu'on s'en apperçoive , & par leur malignité qu'elles font éprouver aux ouvriers des
mines, elles doivent être regardées
comme un des plus dangereux poi-
sons qu'il y ait dans la nature. Mais
on fera voir plus loin si c'est dans
l'air même qu'existe ce poison , ou
si l'air ne s'en charge que par la dissolution & l'évaporation des substances minérales arsénicales.

** La preuve que l'Auteur apporte en citant l'exemple du poison
qu'on peut tirer du miel, n'est point
satisfaisante , elle sert plutôt à confirmer mon sentiment , sçavoir que l'air
est propre à se charger des parties
volatiles & subtiles qui se dégagent
de différens corps ; ces parties peuvent accidentellement être nuisibles
aux hommes ; qu'elles soient portées
par une simple extraction dans l'air
qui se charge des parties volatiles de

tes corps fans les diffoudre & les rendre volatiles ; ou que l'air s'en charge par une fermentation , telle que
celle qui arrive au miel ou au vin
nouveau , qui répandent quelquefois
des vapeurs fi dangereufes , que la
lumiere avec laquelle on s'éclaire
dans les caves où ce vin eft renfermé , en eft éteinte fur le champ , &
la vie de ceux qui s'approchent des
tonneaux qui le contiennent , eft fouvent expofée au plus grand danger.
Cela ne fuffit-il donc pas pour prouver que le vin, ce préfent fi falutaire
de la nature , contient un poifon ,
ou , pour ne pas me fervir de ce ter-
me , une fubftance nuifible & capable de donner la mort. Cela ne doit
point nous furprendre , fi nous fai-
fons réflexion à la maniere dont la
nature travaille à la confervation &
à l'accroiffement de chaque être. Je
vais m'arrêter un peu fur cette preuve , & je fuivrai ici la divifion que
l'on a faite des corps de la nature
en trois regnes , quoiqu'il y eût bien
des objections à faire contre une divifion auffi mal fondée. Le régne mi-

néral eſt le premier qui ſoit ſorti des
mains du Créateur ; Dieu , ſuivant
le rapport de Moyſe , créa d'abord
la terre , c'eſt-à-dire, ces parties ſolides dont l'union & la liaiſon forment notre globe ; il les créa de maniere que les parties ſolides furent
intimement combinées avec les parties fluides. Il me paroît qu'une preuve bien grande de la ſageſſe de Dieu
eſt d'avoir laiſſé pendant un tems le
ſolide confondu avec le fluide ; 1° afin
que les parties ſolides & terreuſes puſ-
ſent devenir propres à s'attacher les
unes aux autres , & par-là à acquérir
une conſiſtence convenable. 2° Afin
que les eaux fécondaſſent la terre, la
miſſent en une fermentation qui dût
conféquemment produire une chaleur
modérée , ſuſceptible d'être augmen-
tée par les rayons du ſoleil , par-là
le globe devînt propre à produire
toutes les plantes. Les ſuites prouvent que ce que je dis n'eſt point
une ſimple conjecture : en effet, après
que Dieu eût féparé les parties ſolides des parties fluides , comme la
Genèſe le dit au chap. 1. verſ. 9 & 10,

nous trouvons au verſet ſuivant, que la terre ſe couvrit de plantes. Je citerai deux exemples pour prouver ce que j'avance. La façon de faire du pain, ſi connue de tous les hommes, me fournira le premier. On commence par mêler la farine avec de l'eau, ce qui lui donne de la liaiſon; ce mélange entreroit de lui-même en fermentation, ſi on lui en laiſſoit le tems, mais pour aller plus vîte on y joint du levain, par-là le mélange fermente très - promptement ; il ſe gonfle & s'échauffe, alors on trouble ſon opération en le pétriſſant & en le faiſant cuire ; mais ſi on laiſſoit agir ce mélange, il nous préſenteroit une image de la création, c'eſt-à-dire, qu'une maſſe informe de parties ſolides & fluides deviendroit un jardin. La moiſiſſure du pain prouve que ce que je dis eſt conforme à l'expérience ; pluſieurs habiles gens ont remarqué, ainſi que moi, à l'aide du microſcope, que ce n'eſt qu'un amas de plantes très-déliées qui ont leurs racines, leurs tiges, leurs feuilles , leurs fleurs & leurs fruits. Je n'ai qu'une chofe à ajouter à ce qui vient d'être dit , c'eft qu'il eft remarquable que la moififfure ne fe met point fi promptement fur du pain qui n'a point été bien fait , au lieu que quand il a été fait d'une maniere convenable , il moifit très-promptement, fur-tout en été. Cette expérience fi familiere nous prouve que c'eft de la fermentation que dépend la liaifon intime des corps. C'eft auffi cette même fermentation qui fait paffer les corps d'un regne de la nature dans un autre , ou du moins qui combine enfemble les corps de différens régnes. C'eft cette fermentation qui produit des chofes nuifibles au regne animal. J'ai prouvé plus haut que la moififfure vient de la fermentation , & j'entreprendrois de faire voir comment cela s'opere , fi cela étoit de mon fujet ; mais il me fuffira, quant à préfent , de prouver que cette moififfure qui eft vifiblement un produit de la fermentation , renferme quelque chofe de nuifible à notre nature. N'eft-il point certain que le pain moifi eft d'une odeur dégoutante &

propre

propre à foulever l'eftomac, & même quelquefois à caufer un vomiffe-
ment? Quelle peut en être la raifon?
Je dis que c'eft la trop grande diffolution des parties folides qui s'eft
faite par la fermentation qui a précédé, & par la combinaifon qui s'en
eft fuivie avec les parties fluides de
l'air; car dans l'exemple dont il s'a-
git, la moififfure du pain eft la même chofe que l'efflorefcence ou l'enduit qui s'attache aux charpentes qui
font dans les fouterreins des mines.
Lorfque cela arrive fous terre, on
lui donne le nom de *moufette*, ou
de vapeur minérale empoifonnée,&c.
Je me flatte donc d'avoir prouvé que
la plûpart des exhalaifons mal faines
qui fe font fentir à la furface de la
terre, viennent d'une fermentation
& d'une diffolution trop fortes des
parties folides, qui a été opérée
par cette fermentation. La feconde expérience que j'ai promife, eft
propre au régne animal, ainfi je crois
que pour rendre plus fenfible ma
troifieme remarque, il eft à propos
de defcendre dans les endroits où

régnent les moufettes ou exhalaisons les plus dangereuses.

*** Théobald prétend que les mines de mercure sont celles où régnent les vapeurs les plus dangereuses ; ce fait est vrai, & nous en voyons la preuve dans les mines d'Istria en Esclavonie, mais leur malignité ne vient point d'un poison, c'est des petites particules de mercure que les ouvriers ne peuvent s'empêcher de respirer, & qui leur nuisent d'une maniere très-sensible & très-méchanique; mais les exhalaisons dangereuses qui régnent dans les mines de cobalt & d'antimoine, ainsi que dans les atteliers où on les traite, sont infiniment plus subtiles. En effet, puisque l'air agit sur ces substances, & sur-tout sur le cobalt, puisqu'il les dissout, & par cette dissolution combine leurs parties les plus volatiles avec l'air qui pénetre à tous momens par les pores, on peut aisément se figurer qu'il laisse dans le corps des parties nuisibles qui étoient combinées avec lui ; tantôt c'est dans l'épiderme, ce qui produit des ulcères ; tantôt c'eſt dans les parties charnues , ce qui forme des abſcès incurables , des obſtructions ; tantôt c'eſt dans les artères , ce qui cauſe des paralyſies ; tantôt c'eſt dans les vaiſſeaux ſanguins , ce qui cauſe des apoplexies ; & tantôt c'eſt dans les inteſtins & dans les poûmons, ce qui produit des conſomptions , des pulmonies , des phtiſies , &c. Notre Auteur ne nous dit rien de ces ſortes de moufettes ; mais quittons ces mines de métaux imparfaits pour examiner celles des vrais métaux. Les mines d'or conſidérées en elles-mêmes , devroient être exemptes de ces ſortes d'exhalaiſons funeſtes , puiſque ce métal , le plus parfait de tous , eſt formé par la combinaiſon de la terre la plus ſubtile , du ſoufre le plus pur & du mercure le plus fixe ; c'eſt auſſi ce qui arrive , lorſque ce métal ſe trouve dans des filons de quartz, de ſilex & de pierre cornée ; mais lorſqu'il ſe rencontre dans de la mine d'antimoine, de cinnabre , dans les grenats, ou dans d'autres ſubſtances mercurielles , arſénicales , il s'en dé-

L ij

gage des vapeurs funeſtes , ſoit en détachant la mine , ſoit en la traitant. Nous ne dirons rien ici des mines des Indes Occidentales. Suivant le rapport d'Alonſo Barba , elles ſont mortelles aux eſclaves infortunés qu'on y fait travailler ; quant aux mines d'argent , tant pauvres que riches , elles ſont dangereuſes ; elles deviennent nuiſibles , à meſure qu'elles deviennent plus riches ; on peut rendre raiſon de cette différence. Qu'on laiſſe une mine de plomb expoſée à l'air auſſi long-tems qu'on voudra , elle ne perdra rien , ni de ſon poids , ni de ſa ſolidité , ni de ſa beauté, ſinon que peut-être elle prendra une couleur bleue comme celle de l'acier , au lieu que l'argent natif ou tout pur , une mine d'argent rouge , blanche, ou noire , la mine d'argent en barbe de plumes, &c. ſe décompoſe , & perd de ſon éclat & de ſon poids , parce que l'air en dégage l'arſénic avec lequel elle eſt combinée , & qui eſt très-propre entre autres à produire de l'argent ; comme on voit par l'expérience de la craie & de l'arsénic, rapportée dans les *Opuscules minéralogiques* de Henckel. Que devient cet arsénic, à moins que de se répandre dans l'air ? mais par la pesanteur qui lui est propre, il retombe, & va se déposer dans des endroits où il est comme régénéré. Rien ne se perd dans la nature, & cette substance qui nous paroît si nuisible, ne se perd point non plus, & cela d'autant moins que l'arsénic non-seulement ne peut être détruit ou anéanti, mais résiste même à la décomposition, comme on peut le voir dans l'estomac des personnes qui ont été empoisonnées avec de l'arsénic, où il reste très-long-tems sans s'altérer ; puisque, comme j'ai dit, l'air se charge de l'arsénic contenu dans les riches mines d'argent, il n'est pas étonnant que ce même air en porte une portion dans les corps des hommes. J'ai de la peine à m'empêcher de croire que les mines riches d'Oberschœna en Saxe, que la mine en barbe de plume du *rameau verd*, que la mine d'argent merde d'oye d'Ehrenfriedersdorf, ne soient point des mines auxquelles l'air a enlevé une grande partie de leur arſénic ou de leur *gluten minéral*, pour me ſervir de l'expreſſion des Philoſophes hermétiques. On me dira peut-être que cette décompoſition peut bien avoir lieu dans des collections de mines, où des morceaux de cette eſpéce ſont expoſés à l'air ; mais comment pourra-t-on ſe figurer que l'air qui, ſelon moi, eſt d'une néceſſité indiſpenſable pour produire ces effets, pénetre à une grande profondeur ſous terre, ſans que ſouvent on apperçoive de paſſages. Je répons à cela, que les montagnes dans le ſein deſquelles cela arrive, ont des fentes par leſquelles l'air extérieur paſſe, & que c'eſt ordinairement dans ces fentes même qu'on rencontre ces riches mines décompoſées. En effet, une petite quantité d'air ſuffit pour opérer des changemens ſur les corps, quoiqu'il lui faille pour cela plus de tems ; je vais prouver ce que je dis par une expérience. Il eſt une ſubſtance minérale connue des vrais Naturaliſtes, mais que je ne veux point nommer, de peur de donner lieu aux friponneries des prétendus faiseurs d'or qui cherchent à jetter les gens dans des dépenses & des expériences dont ils sçavent seuls tirer le profit. Cette substance est abjecte & méprisée ; on ne la recherche plus actuellement ; après l'avoir sechée on la réduit en une poudre très-fine, on la met dans un matras de verre qu'on bouche hermétiquement, on l'expose au feu de la lampe, alors le feu extérieur & le peu d'air qui est renfermé dans l'intérieur, produisent les effets suivans. Au bout des huit premiers jours la substance devient molle & comme fluide, elle demeure dans cet état pendant huit autres jours ; dans la troisieme huitaine elle prend successivement les plus belles couleurs, jusqu'à ce qu'enfin elle devienne blanche, claire & limpide, & dans la quatrieme semaine elle se durcit de nouveau. La même chose ne peut-elle point arriver dans le laboratoire souterrein, le soleil remplit les fonctions du feu de lampe à l'extérieur, c'est de-là que nous voyons que la mine d'argent blanche peut se changer en mine d'argent rouge, cette derniere en une mine d'argent vitreuse de laquelle peut se former la mine d'argent noir, & enfin, de l'argent natif. Si on demande qu'est-ce qui opere ces changemens, on verra que c'est l'air & le soleil; si on demande de quelle maniere cela se fait, on dira que c'est parce que l'air porte des vapeurs arsénicales sur les mines d'argent, par-là il les féconde & les enrichit, il se recharge ensuite de nouveau de ces vapeurs arsénicales. La maniere dont on fait artificiellement de la mine d'argent vitreuse & rouge, prouve que ce que j'ai dis n'est point une pure conjecture. Je me flatte donc d'avoir prouvé suffisamment que ces mines d'argent sont les plus chargées d'arsénic, & que l'air les attaque le plus promptement, d'où il suit que les exhalaisons qui regnent dans ces sortes de mines sont extrêmement pernicieuses. Les mines de cuivre, de plomb & de fer au contraire, ne sont point à beaucoup près si nuisibles à cause de la grosfiereté des principes qui compofent ces métaux, joint à ce qu'ils font moins chargés d'arfénic, & fi l'air produit quelque effet fur ces mines, c'eft plutôt une fublimation de leurs parties métalliques mêmes, qui eft favorifée & facilitée fenfiblement par l'abondance du vitriol dont les mines de fer & de plomb font furtout remplies. Voilà auffi pourquoi ces métaux font plus difpofés à la végétation que les métaux plus précieux, qui à caufe de leur grande fixité exige & plus de travail & plus de tems, car leur partie arfénicale volatile fe dégage à une chaleur douce, au lieu que le cuivre & le fer, à caufe de leur vitriol affez fixe, s'étendent & végétent plus promptement. L'expérience fuivante rendra la chofe plus fenfible. Prenez d'argent très-pur, de cuivre & de plomb, de chacun une dragme, de faffran de mars préparé par l'eau forte & bien édulcoré, une demi-once; faites diffoudre l'argent, le cuivre & le plomb chacun féparément, faites évaporer chacune de ces diffolutions

L v

jufqu'à la moitié, joignez-y deux dragmes de mercure fublimé, après quoi vous mêlerez enfemble le tout, mettez le mêlange dans une cornue de verre que vous placerez au bain de fable, donnez tout d'un coup un feu violent, en prenant cependant garde de ne point faire caffer la cornue. Ces diffolutions paíleront toutes entieres à la diftillation, recevez ce qui paffera dans un mortier de verre, faites évaporer la matiere fur un fourneau, elle deviendra par le fond d'un brun foncé comme de la terre, fur cette terre philofophique on verra s'élever des végétations femblables à des plantes fouvent de la longueur du doigt, du plus beau verd, au bout de chacune de ces plantes, on verra un grain de mercure très-pur; cette opération peut fe faire en 3 ou 4 jours, elle prouve clairement que le cuivre auffi-bien que le fer à caufe de la grande quantité de vitriol dont ils font chargés, font plutôt difpofés à laiffer entraîner leurs parties métalliques à leur furface, qu'à fe diffiper à la chaleur, fous la forme d'une vapeur arfénicale. L'étain feul paroît encore fort chargé d'arfénic ; mais je ne m'arrêterai point à en parler pour cette fois. Je défirerois bien que quelqu'un nous donnât un examen Chymique & fuivi de l'étain, car je crois que ce métal renferme plus de phénomenes qu'on ne penfe. Mais je me rappelle que je ne dois faire que des remarques, tandis que je me fuis étendu confidérablement dans mes preuves ; je demande pardon au Lecteur, à qui j'ai voulu montrer 1° que les exhalaifons vraiment pernicieufes viennent de l'arfénic qui eft uni avec les métaux & les minéraux ; 2° Que la nature pour produire la plûpart de ces exhalaifons fe fert d'un fluide qui eft l'air ou l'eau à l'aide de la fermentation.

§. IV.

IL eft à propos de fçavoir que toutes les fubftances minérales volatiles font dangereufes ; perfonne n'ignore combien le mercure fublimé eft un violent poifon. L'arfénic

volatilifé eſt encore un poiſon très-
vif & très prompt, mais lorſqu'il eſt
fixe, on peut le prendre intérieurement ſans crainte pour guérir l'aſ-
thme; c'eſt pourquoi Libavius a raiſon de dire que nous pouvons prendre toutes les ſubſtances minérales
les plus émpoiſonnées, pourvû qu'on
leur ait coupé les aîles pour les empêcher de voler.

R E M A R Q U E.

L'Auteur établit un principe
trop général, en diſant que toutes
les ſubſtances minérales volatiles ſont
des poiſons. Mais comment fera-t-on
pour prouver que le mercure commun, qui eſt pourtant la ſubſtance minérale la plus volatile, ſoit par lui-
même un poiſon. Le ſoufre eſt volatil & s'éleve en entier, cependant
il n'a rien de nuiſible que par le mauvais uſage qu'on en peut faire; il en
eſt de même du cinnabre natif qui
eſt auſſi aſſez volatil. Je ne vois pas
pourquoi l'Auteur place ici le mercure ſublimé, qui eſt un mercure

que fa combinaifon avec des fels
rend tout-à-fait méconnoiffable. Je
ne vois point non plus la néceffité
de faire ufage de remèdes arfénicaux
dans les maladies de poitrine, ni des
fels qu'on tire de l'arfénic, pour guérir de la fiévre, tandis qu'on a d'autres remedes beaucoup moins fuf-
pects; en effet, ces fortes de remedes ne laiffent pas que de manifefter
leur malignité par la fuite; pour couper les aîles de l'arfénic, c'eft une
opération qui n'appartient qu'à de
grands Artiftes, à moins qu'on ne voulût s'en laiffer impofer par des prétendus *mercures fixés* dans le plomb,
ou avec un prétendu *foufre fixe*,
combiné avec l'arfénic; mais fi l'on
vient à employer le feu, on verra
bientôt ces fubftances reprendre leurs
aîles & fe volatilifer; ou bien par
des opérations trop fortes & deftruc-
tives, on les préparera de maniere
qu'elles cefferont d'être ce qu'elles
étoient auparavant.

§. V.

APRE's avoir commencé par établir ces principes, je vais donner la définition des Moufettes; mais la définition d'une chose peut se faire ou selon sa dénomination, ou suivant la chose même. Quant à la dénomination, je n'en ai point trouvé d'autre que celle que lui donne Libavius qui l'appelle une *vapeur minérale*; Goclenius l'appelle une *vapeur pestilentielle*, & y joint le mot Allemand *Schwaden* que j'ai mis à la tête de mon Ouvrage. Ceux qui auront quelques notions des phénomenes de l'air sçauront ce qu'il faut entendre par une *vapeur*; pour moi je n'ai envie que d'établir des principes, & non de m'arrêter à interpréter des mots. Les mines sont les matrices des métaux, & le lieu où ils sont engendrés. Zabarella entend par mines tous les fossiles métalliques qui se tirent du sein de la terre & ceux mêmes que l'on nomme *minéraux*. Les Médecins entendent par le mot de *mine*, la fource de la maladie ; mais ici nous prenons ce mot dans le même fens que Zabarella, & nous comprenons fous cette dénomination tous les foffiles.

REMARQUE.

JE ne m'engagerai point dans cette difpute de mots, il fuffit que je parle à des perfonnes verfées dans la fcience des mines, qui fans s'embarraffer de fçavoir ce que c'eft qu'une vapeur, nomment la chofe dont il s'agit *moufette* ou *mauvais air*. Nous aurons plus à dire fur la defcription de la chofe même, qui viendra dans le paragraphe fuivant.

§. VI.

SUIVANT la nature de la chofe, de même je décris les exhalaifons minérales, une vapeur arfénicale épaiffe que l'action violente du feu excite dans les fouterreins où l'on travaille aux mines d'étain, & qu'elle fait fortir de ces mines.

R E M A R Q U E.

Ce paragraphe quoique très-court, présente quelque chose de fort singulier ; en effet, notre Auteur dit d'abord que les exhalaisons minérales sont une vapeur, c'est-à-dire, qu'il se sert de deux mots pour dire la même chose. En second lieu, il ajoute l'épithete d'*arsénicale*, d'où l'on voit qu'il exclut toutes les autres exhalaisons nuisibles, qui ne sont point chargées d'arsénic, & qui peuvent s'élever par le défaut du renouvellement de l'air, comme on l'a remarqué sur le §. III. En troisieme lieu, il borne sa dissertation, qui devroit être générale, aux vapeurs qui s'élevent dans les mines d'étain par le feu qu'on y met. Nous allons examiner ce point ; mais avant que de le faire on me permettra de donner une définition des moufettes suivant l'idée que je m'en suis formée. Les moufettes sont un air épaissi par des particules empoisonnées, qui se fait sentir sur-tout dans l'intérieur

de la terre, & qui, fuivant les circonftances, eft plus ou moins nuifible. On a fait voir dans les remarques
fur le §. III. que c'étoit de l'air; j'ai
auffi prouvé au même endroit comment cet air pénetre dans le fein de
la terre, la maniere dont il y a lieu de
croire qu'il fe combine avec les particules empoifonnées, & dont il agit
enfuite fur le corps humain. La feule
différence qui fe trouve entre les moufettes, vient, foit de la quantité, foit
de la qualité plus ou moins nuifibles
de ces particules, & elles operent auffi
à proportion de la force ou de la foi-
bleffe des tempéramens fur qui elles
viennent à agir. Cela pofé, nous
voyons fenfiblement que la vapeur
qui s'éleve dans les mines d'étain
après qu'on y a mis le feu, eft celle qui
mérite proprement le moins d'être
appellée moufette. En effet, 1° cette
vapeur fe forme fur-tout aux endroits
où le feu a été mis, où il n'en regnoit
point auparavant. 2° Cette vapeur
n'eft produite que par la violence même du feu; je ne difconviens pas que
la chaleur que le feu excite dans ces

endroits, ne foit capable de dégager
l'arfénic, fur-tout celui qui eft contenu dans les mines d'étain, puifque
après que le feu y a été mis, on y
trouve même fouvent de l'étain fondu; mais je crois que la plus grande
partie de la vapeur vient du feu trop
violent qui a été renfermé dans un
lieu trop refferré, fur-tout quand le
bois qu'on a employé pour cela,
commence à être réduit en charbon,
Cela ne doit point paroître étrange
puifque perfonne n'ignore les effets
du charbon qu'on a commencé d'allumer dans une chambre fermée,
quoiqu'il y en ait beaucoup moins
que dans les fouterreins où l'on met
le feu; joignez à cela que l'on ne peut
jamais fermer une chambre affez exactement pour que l'air ne laiffe pas de
s'y introduire plus aifément qu'à une
profondeur auffi confidérable que
celle où l'on met quelquefois le feu
dans les mines. Je ne difconviens pas
que la vapeur feule du charbon ne
foit très-arfénicale; mais comme l'on
apperçoit les mêmes effets à l'air,
on ne peut donner à cette vapeur

le nom de moufette ou d'exhalaiſon
minérale, car autant vaudroit il donner ce nom à une plante empoiſon-
née, telle que la ciguë, s'il étoit arri-
vé à un ouvrier de mourir ſous terre
après en avoir mangé. Je ne veux
cependant point nier tout - à -
fait que l'action du feu en agiſſant
ſur les mines d'étain, qui ſouvent
ſont mêlées de cobalt, & ſur les fentes que ſa violence a ouvertes, ne
puiſſe exciter beaucoup d'exhalaiſons
pernicieuſes: j'en conviens d'autant
plus aiſément qu'on voit que les moufettes ſe font ſentir beaucoup plus
vivement dans les ſouterreins des
mines où l'on a fait ſauter la roche
à l'aide de la poudre; je convien-
drai même que ces exhalaiſons ou
moufettes ſont beaucoup plus fortes
lorſqu'on a mis le feu dans la mine,
puiſque cela ouvre un grand nombre de fentes & de paſſages; ſeulement je ne vois pas la raiſon pour
laquelle l'Auteur attribue la malignité de la vapeur à la mine ſeule,
ſans parler de celle des charbons.
On pourroit m'objecter ici qu'il eſt

bien vrai que les vapeurs ne se dégageroient point des mines arsénicales dans lesquelles elles sont contenues, si ce n'étoit par le feu qui les met en dissolution. Mais l'expérience a fait voir que dans le fond des souterreins des mines abandonnées, aux endroits où les eaux s'étoient amassées, on a souvent trouvé des eaux dormantes à la surface desquelles se reposoit une vapeur bleuâtre, très-sensible à la vue, qui par le moindre mouvement qu'on excitoit dans ces eaux, s'élevoit & causoit des accidens funestes aux ouvriers. Qu'on me dise d'où a pû venir cette vapeur ? N'est-il pas vraisemblable qu'elle a été d'abord renfermée dans les cavités des roches, & que peu-à-peu, sans le secours du feu, elle s'en est dégagée à l'aide de l'air seul, & a été attirée par les eaux. Ainsi la vapeur arsénicale & la vapeur des charbons sont deux choses très-différentes qui se réunissent dans les endroits où l'on a fait du feu, mais qui agissent chacune suivant sa nature. Dans la défini-

tion que j'ai donnée des moufettes,
j'ai dit qu'elles fe trouvent ordinairement dans les fouterreins; je ne
prétends pas nier pour cela qu'elles
ne puiffent auffi fe montrer à la furface de la terre; mais lorfque cela
arrive, ces moufettes ne font ni fi
fenfibles, ni communément fi dangereufes, cela vient de ce que plus
elles s'élevent dans l'air, plus elles
font raréfiées. C'eft ce qu'on voit
dans la grotte du Chien, près de
Puzzuolo en Italie; un animal dont
on tient la gueule & le nez fur le
fol de cette grotte, meurt de la vapeur qui en fort, au lieu qu'un homme qui en a le vifage plus éloigné,
peut s'y promener impunément lorfqu'il ne fe penche point vers la terre.
Cela prouve ce que j'ai dit au §. III.
que ces vapeurs nuifibles fe forment
pour la plûpart par la fermentation
qui fe fait dans l'intérieur de la terre.
Je joindrai à cela une preuve que le
printems me fournit; dans cette fai-
fon, on doit bien fe garder de fe
coucher par terre; la raifon qu'on
en donne, c'eft que l'herbe jeune &

tendre a une odeur si forte qu’elle cause des maux de tête : on a des exemples de personnes qui se sont endormies sur l’herbe sans jamais se réveiller de leur sommeil ; pareille chose seroit arrivée à un de mes amis qui se coucha & s’endormit sur l’herbe & qui ne se seroit jamais réveillé si on ne lui eût apporté du secours ; en se réveillant il se plaignit d’un grand mal de tête, d’une lassitude étonnante & d’un très-grand mal-aise, son visage étoit extraordinairement enflé, & tous ces accidens lui étoient survenus par un sommeil d’environ un quart-d’heure. On attribue communément ces effets à l’herbe tendre ; mais un mûr examen de la chose nous élevera au-dessus des préjugés du peuple. La terre est fermée pendant l’hyver, c’est-à-dire, que les sucs qui y sont contenus s’élevent très-peu, ils sont plutôt disposés à descendre en bas, comme on peut le voir par les racines qui croissent & s’étendent même pendant cette saison ; mais au commencement du printems, les neiges fondues, les

pluies chaudes, le foleil qui acquiert
des forces d'un moment à l'autre,
contribuent à mettre la terre en fermentation, ce qui produit des feuilles & des fleurs; par-là toutes les
vapeurs font fi atténuées qu'elles
peuvent fe combiner avec l'air, &
c'eft-là ce qui fait monter les fucs de
la terre dans les herbes, les plantes
& les fleurs. Ce font auffi les vapeurs
qui s'élevent qui entrent dans les
pores des corps & produifent fur eux
différens effets femblables à ceux du
vin nouveau qui fermente. Je crois
que ces vapeurs doivent être mifes
au rang des moufettes, tant pour
leur origine que pour leurs effets.
On pourroit en paffant répondre à
ceux qui demanderoient pourquoi
Dieu permet qu'il fe produife des vapeurs fi funeftes, qu'il eft vrai qu'elles font très-nuifibles à nos corps;
mais qu'il ne faut point en être furpris attendu que ce n'eft point pour
nos corps qu'elles font proprement
faites; je penfe que ces vapeurs font
un fel très-concentré, combiné avec
une terre & un foufre très-fubtiles, qui

a été formé sous terre par la coction & qui eſt comme ſublimé par le ſoleil, atténué par l'air, & qui après avoir été étendu & dépouillé de ſa malignité eſt rendu à la terre d'où il a tiré la naiſſance, c'eſt ce qui arrive par les pluies, les roſées, &c. Si nous étions inſtruits des avantages que produiſent les moufettes dans la terre & à ſa ſurface, nous ſerions beaucoup plus avancés que nous ne ſommes dans la connoiſſance des choſes naturelles. Si le ſoleil n'attiroit point ces vapeurs, la roſée & la pluie ne ſeroient point chargées de ſels concentrés, & ce défaut nuiroit beaucoup à la fécondité de la terre. J'ai dit plus haut que ce ſel étoit volatil, & j'ai fait remarquer ſur le §. III. que les moufettes ſe faiſoient ſentir plus fortement dans les mines des métaux précieux, & même que l'arſénic qui ſe trouve dans ces vapeurs contribuoit à enrichir ces mines & à y produire de l'argent. Nous voyons que les mines les plus abondantes en métal ſe diſtinguent des autres par la variété des plus belles couleurs;

c'eſt

c'eſt ainſi que la mine d'argent rouge ſe diſtingue par la vivacité de ſon
rouge, la mine d'argent blanche par
ſon éclat, la mine chargée de cuivre
par ſa couleur bleue, & les riches
mines d'étain par leurs facettes lui-
ſantes qui ſont noires, brunes &
blanches. Aurois-je ſi grand tort
d'attribuer auſſi ces couleurs & l'enduit qui ſe montre à l'extérieur de
quelques mines aux vapeurs arſénicales; ne voyons-nous pas qu'après
que l'arſénic en a été dégagé par le
grillage ces couleurs diſparoiſſent.
Je crois donc qu'il n'y a rien à ajouter à la preuve que j'ai donnée que
les moufettes ſont d'une néceſſité indiſpenſable pour l'accroiſſement des
regnes minéral & végétal; qu'il me
ſoit ſeulement permis d'ajouter un
mot. Quel eſt l'être empoiſonné que
les philoſophes hermétiques diſent
qu'il faut chercher dans l'air & ſur
la terre au printems, & qu'ils regardent comme un des principaux
ingrédiens du grand œuvre. Je ne
ſuis point capable de donner mon
ſentiment là-deſſus; ſi c'eſt une vé-

rité, je la respecte comme un très-grand mystere de la Nature ; mais si ce n'est qu'une expérience qu'on propose, elle peut certainement donner lieu à de grandes découvertes. La substance minérale dont j'ai parlé dans mes Remarques sur le §. III. peut mettre le Lecteur sur la voie : en effet, il est remarquable que si on la laisse exposée à l'air libre pendant deux jours seulement, elle se dissipe, ou plutôt l'air l'attire & s'en charge. Après en avoir pulvérisé deux onces, je les mis sur du papier que je laissai sur la fenêtre d'une chambre fort seche, pendant quatre ou cinq jours ; au bout de ce tems, lorsque je voulois en faire usage, je trouvai que le poids en étoit diminué d'un scrupule ; je remis ce qui restoit dans le même endroit, peu-à-peu cette poudre perdit au-delà d'une dragme, sans que j'apperçusse que la matiere tombât en *deliquium*, comme il arrive aux pyrites vitrioliques, & même le papier ne devint point humide. Personne ne doute que les vapeurs qui s'élevent ne puissent retomber sous la forme

d'une eau , ainſi je ne m'arreterai
point à prouver une choſe dont les
fenêtres qui s'humectent nous fourniſſent tous les jours un exemple. Ce
qui vient d'être dit fait voir que la
définition de notre Auteur eſt très-
fautive. Je prie le Lecteur de m'excu-
ſer ſi je me ſuis ſi fort étendu là-deſſus;
peut-être qu'il trouvera que ce que
j'ai dit n'eſt point tout-à-fait inutile.

§. VII.

Je ne puis donner ici de diviſion
des moufettes , car quoiqu'il y en ait
une infinité , cependant elles ſont
toujours de la même eſpéce , & l'on
ne peut faire des eſpéces différentes
des choſes qui ſe montrent toujours
ſous la même forme , attendu que
c'eſt ainſi qu'on diviſe les choſes qui
different entre elles. C'eſt ainſi que
les nuages ſont les mêmes , quant à
leur eſſence ; l'eau de l'Elbe eſt la
même à Wittemberg qu'à Magdebourg , & l'eau du Tibre eſt la même que celle de l'Araxe. Il en eſt
de même des moufettes.

M ij

REMARQUE.

NOTRE Auteur parle ici en homme très-peu versé dans la connoiſſance de la nature ; en effet, il y a bien de la différence entre une moufette qui eſt produite par des mines arſénicales, & celle qui eſt produite uniquement par la vapeur du charbon. Je crois qu'il vaudroit mieux diviſer les moufettes de la maniere ſuivante, & dire que c'eſt une vapeur qui ſe produit d'elle-même dans les filons des mines, ou qui eſt miſe en action par quelque autre agent étranger. Les moufettes de la premiere eſpéce ſont celles qui ſe font ſentir, ou continuellement, ou ſeulement à de certaines heures ; celles de la ſeconde eſpéce ſe manifeſtent, lorſqu'on fait du feu dans les ſouterreins, lorſqu'on fait ſauter la mine par le moyen de la poudre à canon, ou lorſqu'on vient à lui ouvrir des paſſages à coups de ciſeau, ou même en donnant du mouvement aux eaux dormantes qui ſont dans les ſouter-

reins. On pourroit encore en diftinguer un plus grand nombre d'efpéces, mais elles ne font rien à la chofe.
L'Auteur eft auffi dans l'erreur, lorfqu'il dit que les eaux de toutes les
rivieres font de la même nature ; mais
comme il n'eft point queftion des
eaux dans ce Traité, nous ne nous
arrêterons point à réfuter ce paffage.
Dans nos Remarques fur le paragraphe fuivant nous aurons occafion de
relever ce que Théobald dit des caufes qui excitent les moufettes.

. §. VIII.

MAIS pour éclaircir le fujet que
nous traitons , je vais en examiner
les caufes , & fur-tout la caufe effi-
ciente. La feule eft la chaleur, & ce
n'eft point la chaleur fouterreine ,
quoique ma patrie n'en manque point,
à caufe des endroits bitumineux qui
s'y trouvent ; les eaux de Carlsbade
en font une preuve ; mais c'eft la
chaleur que caufe le feu dont les ouvriers des mines fe fervent pour faire
faire fendre & gerfer des roches auffi

dures que le diamant. Le feu que l'on emploie pour cela, n'eſt pas du ſecond ou du troiſieme degré, mais ſa chaleur ſurpaſſe toutes les autres, & même celle des fours à chaux, car on brûle quelquefois juſqu'à vingt cordes de bois de hêtre à la fois. L'on entend un bruit conſidérable des rochers qui ſe fendent par la violence du feu ; il n'eſt donc pas étonnant que cette chaleur faſſe ſortir des pierres l'arſénic qui y eſt répandu ; en effet, lorſque le feu a ceſſé, on voit ſe former un enduit de ſoufre & d'arſénic ſur les tas de pierres qui ont été calcinées, que l'on a recouverts de terre pour étouffer le feu.

REMARQUE.

THEOBALD ſemble ici entrer en matiere, & vouloir traiter ſon ſujet à fond, & établir les cauſes des moufettes ; cependant dans le moment il perd de vûe ſon objet, & répéte encore que ces vapeurs viennent du feu, & il fait une deſcription du bruit que ce feu excite, de ſa violence, &

de la grande quantité de bois qu'on
y emploie. La seule chose qui sem-
bleroit devoir le justifier, c'est l'enduit arsénical & sulfureux qui se
trouve sur les tas de pierres qu'on
a amassées ; mais cet enduit peut se
former même sans le secours du feu; je
possede de l'orpiment natif qui, comme on sçait, est une combinaison du
soufre & de l'arsénic ; & même dans
les montagnes de la Saxe, près d'El-
terlein, il y en a une sur laquelle le
soufre se montre à la surface de la
terre, & dans les petites fentes ou
crevasses qui s'y trouvent : si nous
considérons ces choses, nous verrons
qu'il n'est point difficile de trouver
des objections contre la preuve de
l'Auteur ; d'autant plus qu'il ne sçait
pas se servir de ses avantages, puisqu'il convient que les feux souterreins ne sont point rares dans son
pays, ce qu'il prouve par l'exemple
des eaux thermales de Carlsbade, ce
qui fournit des armes même pour
combattre son sentiment. En effet,
on lui accorderoit tout ce qu'il dit,
s'il prouvoit qu'il ne regne des mou-

fettes que dans les fouterreins des mines où l'on a employé le feu , ou la poudre à canon, pour faire fauter la roche ; mais comme les ouvriers des mines ont fouvent des preuves fâcheufes du contraire, il s'enfuit que la chaleur fouterreine produite par la nature feule , a plus de part à ces moufettes que le feu groffier qu'emploient les hommes , & par conféquent , que la divifion que j'ai donnée dans la remarque fur le §. VII, n'eft point deftituée de fondement. Il eft certain que la diffolution des corps qui s'opere fous terre , eft caufée par une chaleur qui fe manifefte par les volcans , par · les fources d'eaux chaudes, & par d'autres phénomènes femblables. Nos pays même en fourniffent des exemples ; en effet , une mine de charbon de terre qui brûle, eft-elle autre chofe qu'un volcan ? c'eft ce qu'on peut voir à Pefterwitz. Si l'on confidere les charbons de terre qui s'y trouvent, on verra que ce font des pierres feuilletées , & par conféquent pleines de fentes qui font pénétrées

d'une grande quantité d'alun & de
foufre. Le foufre s'y montre clairement , 1° par la couleur jaune qui
lui eſt propre, qui ſe voit ſur ces
charbons ; 2° par la facilité avec laquelle ils s'allument , & par l'odeur
qui en part ; & 3° enfin par la grande
quantité de pyrites fulfureuſes que
les ouvriers appellent *kamm* : c'eſt
cette pyrite que le contact de l'air
& de l'humidité allume , échauffe &
fait tomber en effloreſcence. En prenant feu , ces pyrites le communiquent aux charbons de terre en pouſ-
fiere qui le portent dans les couches ,
& par-là cauſent des embraſemens
ſouterreins. Je ne doute point que
ce feu ne ſe fît paſſage comme dans
le mont Etna, par ſon ſommet, ſi des
ſoupiraux, oppoſés les uns aux autres
ſous terre , lui apportoient de l'air ,
qui venant frapper ces couches em-
braſées , obligeroient la flamme à s'é-
lever & à ſortir par quelqu'un des
puits de la mine, comme il arrive
à tous les autres volcans qui ſont
communément fortement excités par
le vent qui vient de la mer. Ainſi

M v

plus le concours de l'air est violent,
ou plus il s'y porte d'humidité, plus
l'embrasement deviendra grand , au
lieu qu'à une chaleur très-douce le
soufre s'allume aussi à la vérité, mais
il ne se consume point tout-à-fait ,
il va se porter à la surface des pierres sous la forme de fleurs de soufre ;
l'alun qui étoit joint avec lui , s'attache à l'extérieur , & se met en petits crystaux très-fins ; mais aussi-tôt
qu'ils ont été exposés à l'air , ils se
réduisent en eau , & ne peuvent par
conséquent être apperçus que de
ceux qui vont prendre la nature sur
le fait dans ses atteliers souterreins.
On en trouvera un exemple dans le
Livre de George-Gaspard Kirchmayer qui a pour titre , *Espérance
d'un tems plus heureux, fondée sur les
mines , pag.* 20. M. Geoffroy a rendu
ces phénomènes très-sensibles par son
expérience , qui consiste à mêler du
soufre , de la limaille de fer & de la
terre , & à humecter le mêlange avec
de l'eau. La plûpart des mines de
fer & de cuivre , aussi bien que les
pyrites , donnent un vitriol à l'air

ou dans l'eau ; en se chargeant d'humidité elles s'échauffent intérieurement, & l'acide sulfureux qui s'y trouve, étant mis en action, les parties grossieres des corps sont par-là si atténuées, qu'elles deviennent capables d'être volatilisées & portées dans l'air : à plus forte raison, la chaleur intérieure, sans le secours du feu ordinaire, ne sera-t-elle point en état de briser les foibles liens qui retiennent des substances aussi aisées à volatiliser que l'arsénic & le soufre, puisque cette chaleur, par la continuité de son action, a déja dû contribuer à produire cet effet. On voit par-là que le feu souterrein peut contribuer autant, & même quelquefois beaucoup plus, que le feu artificiel, à la production des moufettes.

§. IX.

On ne pourra point objecter que cet enduit qui se forme sur les morceaux de mines, ne soit très-dangereux ; il est vrai que l'air libre, & la faculté de se dissiper, peuvent en

diminuer la malignité , & je ne vou-
drois point m'arrêter dans de pareils
endroits , ni m'expofer à refpirer une
matiere qui eft capable de tuer très-
promptement des mouches , des rats
& des chiens. En un mot , l'étain lui-
même fe volatilife à la violence du
feu , & alors il eft un poifon très-vif
à caufe de l'arfénic avec lequel il eft
mêlé *. Il n'eft donc point étonnant
de voir dans ces mines un fi grand
nombre de phtifiques , puifque ces
vapeurs empoifonnées ulcèrent continuellement leurs poumons, & produifent des humeurs féreufes qui font,
ou fous le crâne , ou à fon extérieur ;
lorfqu'elles font dans la tête , elles en
découlent & tombent dans l'eftomac:
& y caufent des naufées ; ou bien
elles fe jettent fur les poumons **,
ce qui produit la phtifie. Si ces humeurs font à l'extérieur , & que la
moindre putréfaction vienne à s'y
joindre , il furvient des maux de tête,
ou fi les humeurs tombent fur les
membres, elles caufent des rhumatif-
mes, la goute & une privation totale
de l'ufage des membres.

REMARQUE.

Ici l'Auteur a raison, quoique la conclusion qu'il tire soit fausse ; en effet, ce qui est nuisible aux animaux, ne l'est point toujours aux hommes ; c'est ainsi que nous voyons que la matiere huileuse qui s'attache aux pipes à fumer du tabac, est mortelle pour les chats, quoique ceux qui sont accoutumés à fumer, l'avalent tous les jours impunément. Le laurier-cerise est beaucoup plus nuisible aux chiens qu'aux hommes ; les amandes ameres font un poison pour les oiseaux, quoique nous en mangions sans danger dans les massepains ; mais c'est une erreur que de croire que l'étain * est un poison, parce qu'il se volatilise ; car 1° l'arsénic en a été dégagé par le grillage ; 2° la faculté d'être volatilisé n'est point une preuve de la présence de l'arsénic, attendu que les cendres & les chaux sont poussées en l'air par un feu violent ; 3° nous voyons que les métaux les plus fixes, tels que l'argent, deviennent pro-

pres à être volatilisés par le fel marin , quoiqu'il n'y ait pas le moindre
vestige d'arsénic : & l'on peut fup-
pofer que le feu interne de la terre
doit produire , avec encore plus de
force , les effets qu'opere le feu ordinaire en diffolvant & atténuant les
parties des corps.

** La maniere dont notre Auteur explique la formation des maladies eft ridicule ; il femble vouloir
nous perfuader que les vapeurs empoifonnées ne pénetrent que par les
pores de la peau , & il oublie que le
nez & la bouche leur fourniffent un
paffage encore plus naturel ; j'ai déja
dit dans les remarques fur le §. 3 ».
de quelle façon ces maladies peuvent naître , j'y renvoie le lecteur.

§. X.

Ainsi il eft ridicule de confeiller
aux ouvriers de manger du beurre le
matin pour fe garantir de ce poifon ;
en effet , comment le beurre pour-
roit-il aller jufqu'aux poumons, puifque d'ailleurs tout notre corps attire
l'air.

NOTRE Auteur continue à vouloir jouer le rôle de Médecin , il rejette l'usage du beurre , & d'après les principes qu'il a posés il a raison ; en effet, si ces vapeurs malignes entrent par la tête , comme il le prétend , ce seroit vainement qu'on prendroit du beurre pour rendre leur effet inutile. Mais dans la réalité le beurre qui est gras , en faisant un enduit dans la gorge , se charge de la poussiere empoisonnée, & empêche qu'elle ne s'attache aux glandes salivaires , & aux autres parties dont il seroit très-difficile de la détacher ; mais comme on ne peut empêcher qu'il n'en entre une portion dans les pores, il paroît que les sudorifiques légers seroient les meilleurs remedes ; mais nous nous écartons trop de notre sujet.

§. XI.

JE ne doute point que la matiere qui se répand , ne soit une vapeur très-chargée d'arsénic. En effet, le coup d'œil & l'expérience prouvent que les mines d'étain qu'on a calcinées, contiennent une grande quantité de cette substance empoisonnée, comme on peut le voir par l'intérieur des fourneaux où on les traite. Bien des gens prétendent que cela vient aussi du cobalt, je n'en disconviens point, mais je l'attribue principalement à l'arsénic.

REMARQUE.

C'EST la même chose, car le cobalt est la mine de l'arsénic; ainsi il est égal de supposer que c'est la mine ou la substance qu'on en tire, qui produit ces effets.

§. XII.

VOILA pourquoi des personnes sensées rejettent le sentiment de ceux qui prétendent que le mauvais air, qui se fait sentir dans les souterreins des mines, est de la même nature que celui qui regne dans le tems de la pefte , & dans les anciens puits qui ont été long-tems fermés. Si cela étoit vrai , jamais les ouvriers des mines ne feroient exempts de crainte, eux qui facrifient leur vie à des travaux très-durs pour un prix très-modique. Et dans ce cas, je préférerois plutôt d'expofer dix fois mes jours dans une bataille , que d'entrer une fois dans une mine , pour y perdre la vie avec fi peu d'honneur ; en effet , à tout moment les vapeurs malignes fe feroient fentir , & tueroient ceux qui s'y expoferoient : mais la chofe n'eft point ainfi, & les ouvriers font au fait du tems que durent les vapeurs, & de celui qu'il faut à l'air pour fe purifier, & même dans les galleries des mines de Schlakenwalde j'ai trouvé de l'air auffi pur qu'il pouvoit être à la furface de la terre.

REMARQUE.

JE perfifte toujours dans le fentiment que les exhalaifons empoifonnées qui fe font fentir fous la terre, ont la même origine que celles qui

regnent à sa surface ; la peste est cau-
sée par la dissolution de particules
salines, corrosives, terreuses & grossieres qui se combinent avec l'air,
& sont portées avec lui dans le corps
humain, comme j'ai fait voir plus
haut. Mais je sçai que les ouvriers
des mines connoissent le tems auquel
les moufettes se font sentir, & cela
est aisé à concevoir. En effet, si on
examine à quelle partie du ciel les
fentes de la terre répondent, il sera
aisé de juger si c'est l'air du soir ou
du matin qui apporte, ou qui entraîne l'air qui s'excite dans le fond
des souterreins. Si on connoît la nature de la mine qu'on travaille, il
sera aisé de voir les tems qui donneront un air sain ou un air empoi-
sonné ; il est certain que si l'amour
du gain permettoit de faire un examen plus exact des montagnes, &
si on se donnoit la peine d'aller chercher de l'autre côté d'une montagne
les endroits où vont aboutir les filons
& les fentes qui viennent s'y joindre, on pourroit en retirer de très-
grands avantages qui sont cachés ac-

tuellement qu'on ne s'embarrasse de connoître qu'un seul des endroits où le filon se termine à la surface de la terre. Le soleil du midi, quand il donne sur la bouche des puits des mines, met communément un grand obstacle au renouvellement de l'air, &c.

§. XIII.

QUELQU'UN m'objectera peut-être que cela seroit croyable, si on ne trouvoit point de soufre dans les ouvreaux des fourneaux de fusion ; mais ce soufre est-il pur, ne peut-on point en séparer l'arsénic ? Je conclus donc que la matiere qui est attachée aux fourneaux, est de l'arsénic combiné avec du soufre : ceux qui ont fait la pierre philosophale * avec du soufre, de l'arsénic & de l'antimoine, sçavent très-bien que le soufre & l'arsénic ont de la disposition à s'unir.

* Le texte de Théobald porte, *Qui ex arsenico, antimonio & sulphure lapidem fecêre dulcissimum.* Je ne sçais si M. Lehmann a eu raison de rendre *lapidem* par *la pierre philosophale.*

REMARQUE.

LES parties groſſieres qui reſtent attachées aux ſoupiraux des fourneaux, ne ſont point, à beaucoup près, ſi nuiſibles que les parties déliées qui ſe combinent avec l'air, & qui s'inſinuent dans le corps par les plus petites ouvertures. Au reſte, l'Auteur n'auroit point dû tirer ſa preuve de la combinaiſon du ſoufre avec l'arſénic, du travail en grand, attendu que la préparation commune de l'arſénic rouge & de l'arſénic jaune ſuffit pour le démontrer. Il y a encore quelques obſervations à faire ſur ce qu'il dit de la préparation qui ſe fait de la pierre philoſophale au moyen de l'arſénic, du ſoufre & de l'antimoine; il me ſemble qu'il a en vûe quelque opération qui mériteroit d'être ſuivie : comme je ne l'ai point encore vû décrite dans aucun Ouvrage, je vais la donner telle que je l'ai faite moi-même. Je pris d'arſénic blanc & d'antimoine de Braunsdorf, de chacun trois livres ; après avoir pulvérifé ces deux fubflances, je les mêlai enfemble, & les mis dans une retorte que je luttai avec foin ; je donnai le feu ouvert le plus violent ; par-là il s'éleva d'abord des fleurs de couleur orangée ; quand elles furent paffées, il fe fublima un foufre d'un brun rouge très-compact & très-fixe. Je continuai à pouffer le feu pendant environ neuf heures ; lorfque la retorte fut refroidie, je la brifai ; je mis les fleurs à part, elles pefoient une livre & quinze onces, le foufre pefoit une livre ; ce qui reftoit & qui pefoit une livre & dix onces, étoit très-dur & reffembloit à un très-beau régule. Le foufre étoit très-fixe au feu ; il étoit, à la vérité, inflammable, mais il avoit de la peine à continuer de brûler ; il n'étoit pas foluble dans les huiles, l'odeur en étoit très-arfénicale, il faifoit de beau cinnabre avec un mercure métallique (*mercurio metallorum*), mais il étoit d'une dureté extraordinaire. Je pris de ce foufre, je le mêlai avec partie égale de nitre, je diftillai le mélange dans une cornue de terre, pour en avoir la liqueur ou l'esprit, qui avoit la propriété du *clyssus mineralis*, mais je trouvai que le résidu étoit rouge comme du sang, & paroissoit avant comme après l'opération, être un soufre fixe, & il donna un cinnabre encore plus beau. J'ai fait encore plusieurs expériences sur ce soufre, mais je n'ai encore rien découvert de satisfaisant. Je n'ai voulu rapporter ces faits, que pour prouver ma conjecture qui est, que peut-être au lieu du soufre, de l'arsénic & de l'antimoine, l'Auteur a voulu dire de l'arsénic & du soufre d'antimoine : & sçait-on ce qu'est *l'aigle rouge fixé*, dont il est parlé dans le Livre intitulé, *le petit Paysan ?*

§. XIV.

ON ne pourra peut-être point concevoir d'où peut venir une si grande quantité d'arsénic, s'il est vrai qu'il ne soit qu'à la surface extérieure des pierres ; mais je dis que la grande chaleur, dont j'ai parlé, agit même sur leurs parties internes, & en fait

fortir l'arfénic qui y eft contenu. En
effet, fi les liqueurs fpiritueufes peuvent paffer au travers de trois alem-
bics, comment pourra-t-on douter
que des particules déliées ne puiffent
pénétrer au travers de pierres remplies de pores? La nature leur indique une route pour paffer nonobf-
tant la folidité des pierres ; j'ai remarqué dans dés gens qui avoient
des ulcères aux poumons , que la
matiere purulente leur fortoit par
les urines & par les felles. Quel eft
l'Anatomifte qui pourra faire voir
que c'eft-là la route qu'elle devoit
fuivre ? Il n'y a donc que la nature
dont les voies font impénétrables ,
qui fçache trouver ces routes , au
moyen defquelles elle donne iffue
aux êtres nuifibles.

REMARQUE.

PERSONNE ne fera furpris de la
grande quantité d'arfénic qui fe répand dans l'air , cette fubftance fubtile & volatile s'envole à un degré
de feu très-foible , & s'étend à un

point étonnant. Il eſt auſſi très-vrai que le feu pénetre les pierres les plus dures , comme on le voit dans le grillage des mines. Il n'y a rien à dire ſur les exemples tirés de la Médecine ; car ſi on vouloit critiquer l'Auteur par ce côté , nous ſerions forcés de nous écarter trop de notre ſujet ; d'ailleurs pour peu qu'on ait de connoiſſances , on ſentira juſqu'à quel point ce qu'il dit eſt fondé ?

§. X V.

ON me dira peut-être que tous les corps ſolides ſont durs , que les pierres ſont dans ce cas , & qu'ainſi l'arſénic ne peut les pénétrer ; mais qu'on me diſe ſi une éponge eſt un corps ſolide : l'air & le feu ſont-ils des corps ſolides ? Et alors je ſerai du même avis. Voilà pourquoi les perſonnes inſtruites penſent que tout l'atmoſphere terreſtre eſt rempli d'air & de feu , & qu'il ne s'y trouve point d'autre choſe. Voyez *Scaliger exercitationes* 76 , §. 7. Comment trouvera-t-on de la dureté & de la
ſolidité

folidité dans ces corps. Mais à quoi
bon éclaircir des chofes déja fi clai-
res?

REMARQUE.

JAMAIS on ne trouvera ni de l'arfénic, ni du foufre, fous la forme
qui leur eft propre, dans une pierre
compacte ; mais il eft très-ordinaire
d'en trouver dans les roches pleines
de fentes, & par conféquent il n'eft
point difficile de découvrir par où
ces fubftances ont paffé pour s'attacher à la furface extérieure de ces
pierres. Si Théobald eût connu les
pierres à filtrer qui ont été découvertes depuis fon tems, il n'eut pas
manqué de les citer comme une
preuve que des corps folides peuvent être pénétrés par des fluides.

§. XVI.

ON ne peut point décider fous
quelle forme eft l'arfénic combiné
avec une vapeur, & j'avouerai in-
génûment que je l'ignore ; cependant
je pourrois dire que je crois que dans

ce cas l'arfénic ne doit point être diftingué de la vapeur, & que l'un & l'autre en fe mêlant ont pris la même forme, & ne font plus qu'un même corps. Cela fuffit pour répondre à ceux qui penfent que l'arfénic demeure arfénic, & ne fait que communiquer fes mauvaifes qualités à la vapeur.

REMARQUE.

J'AI déja fait voir dans mes Remarques fur le §. VI. que les exhalaifons empoifonnées fe préfentent quelquefois fous la forme d'une vapeur bleuâtre dans d'anciennes galleries & à la furface des eaux ; j'y renvoie donc le Lecteur, pour lui indiquer une forme fous laquelle les moufettes fe préfentent aux yeux. Lorfqu'un travailleur vient à percer avec fes outils dans un réfervoir d'eaux de cette efpéce ; au moment où il s'y attend le moins, foit que la nature les ait ainfi difpofés, foit que ces lieux aient été abandonnés anciennement, en faifant tomber des éclats de roche dans ces eaux croupiſſantes, il s’éleve des vapeurs qui ſuffoquent l’ouvrier. Peut-on dire qu’alors il arrive autre choſe que ce qu’on nous apprend de la communication de la peſte par les habits, les ballots de laine, les étoffes de ſoie, &c : tant que ces marchandiſes ſont emballées, elles ne cauſent point la peſte, quand même elles demeureroient une demi-année dans cet état ; mais auſſi-tôt qu’on ouvre ces ballots, la peſte ſe montre, dit-on, ſous la forme d’une vapeur bleue. Que dirai-je des étincelles qu’on voit ſouvent ſauter & s’élever à trois ou quatre pieds au-deſſus de la neige pendant l’hiver, lorſqu’il fait un beau ſoleil, ſur les endroits de la terre qui renferment des charbons de terre, des ſources, des pierres à chaux & des mines ; je les regarde comme des eſpéces de moufettes que les rayons du ſoleil font ſortir de la terre. Qui eſt-ce qui a examiné avec attention les météores qui ſe produiſent quelquefois très-proche de la terre ? Les feux follets & d’autres phénomènes ſemblables ne ſont que

des vapeurs que les parties groſſieres, dont elles ſont compoſées, empêchent de s'élever fort haut, mais
que l'air pouſſe de côtés & d'autres,
juſqu'à ce que le mouvement continuel les ait diviſées & mêlées avec
l'air, ou juſqu'à ce que la chaleur
du ſoleil les ait volatiliſées, & comme
incorporées avec l'air.

§. XVII.

L'OBJET de ces moufettes eſt de
dégager l'étain de l'arſénic, & d'en
ſéparer ce poiſon dangereux; ce n'eſt
qu'accidentellement que ceux qui
s'expoſent ſans précaution à cette
vapeur, en ſont tués; ſon objet n'eſt
point de tuer les hommes, mais de
leur procurer de l'utilité; dans la nature entiere tout a été créé pour l'utilité de l'homme, qui lui-même a été
créé pour Dieu; lorſque les choſes
s'écartent de cette vue, cela n'arrive
que par accident. Voilà ce que j'ai
cru devoir écrire ſur les moufettes.

Remarque.

Je doute fort que le dégagement de l'étain d'avec l'arſénic ſoit l'objet des moufettes ; elles peuvent y contribuer par haſard juſqu'à un certain point ; je croirois plutôt que l'Auteur de la nature a en vûe de pénétrer par ces vapeurs volatiles les fentes & les filons, & de rendre la roche qui s'y trouve propre à concevoir le germe de quelque métal. Je ſerois en état de citer une expérience conforme à la nature, dans laquelle un diſſolvant qui eſt un poiſon très-vif, peut à l'aide du bain de ſable, rendre la pierre la plus commune propre à recevoir le germe des métaux, & s'en imprégner parfaitement; mais j'aurois peur en divulguant ce ſecret à tout le monde, de mettre une épée dans la main d'un furieux.

Je termine donc ici mes obſervations ſur le Traité de Théobald, & je répete encore que je ne regarde les moufettes que comme un corps compoſé de la terre la plus ſubtile, du soufre le plus délié & du sel le plus volatil, qui, pour me rendre sensible, agit sur les pierres de la même maniere que le levain agit sur une grande masse de pâte, c'est-à-dire, qu'elle les pénetre, les ouvre, les mûrit & les augmente. Les expériences que j'ai rapportées, & beaucoup d'autres servent à prouver cette vérité.

ADDITION.

Dans le Traité qui précede, M. Lehmann semble avoir eu principalement en vûe les Exhalaisons minérales, ou Moufettes, qui font chargées de parties arsénicales & métalliques ; mais indépendamment de celles-là il y en a encore d'autres qui sans être arsénicales, ne laissent pas de produire des effets également funestes ; telles sont, entre autres, les vapeurs sulfureuses qui s'élevent dans quelques souterreins, & qui font périr & suffoquent sur le champ ceux qui ont le malheur de les respirer. M. Seip, Docteur en Médecine, à qui l'on doit une Dissertation sur les Eaux minérales de Pyrmont en Westphalie, a donné un Mémoire curieux qui a été inséré dans les *Transactions Philosophiques*, n° 448, pag. 272. Il y parle d'un souterrein qui se trouve dans une carriere à quelques centaines de pas des sources d'eaux minérales de Pyrmont ; il sort de

ce fouterrein une vapeur fulfureufe & pé-
nétrante, qui tue tous les oifeaux & les
autres animaux qui en approchent : cette
vapeur reffemble aux exhalaifons humides, ou aux brouillards qu'on voit s'élever
en de certains tems à la furface des prai-
ries & des marais, mais elle ne s'éleve
communément que jufqu'à un ou deux
pieds de terre, excepté dans les tems d'o-
rages & de tonnerres, alors elle monte
quelquefois de cinq ou fix pieds. Lorfqu'on fe tient debout dans cette caverne,
on ne s'apperçoit d'aucune odeur, mais
fi l'on refte quelque tems dans cette pof-
ture, on fent que les pieds s'échauffent
confidérablement, la chaleur gagne les
parties inférieures du corps, & peu-à-peu
on commence à fuer très-abondamment.
Lorfqu'on incline la tête vers le fol de
la caverne, on fent une odeur très-pénétrante & fi âcre, qu'elle piquotte les yeux
& les fait pleurer ; dans la bouche on
s'apperçoit d'un goût de foufre ; il prend
des étourdiffemens, on fent même une
efpéce d'engourdiffement ; alors il faut fortir promptement de cet atmofphère dangereux, fi l'on ne veut y périr. Les in-
fectes, les mouches, les papillons tombent morts auffi-tôt que la vapeur les at-
teint ; les petits oifeaux qui s'en approchent tombent tout-à-coup, il leur prend
des convulfions comme à ceux de ces animaux qui font renfermés dans le récipient
de la machine pneumatique lorfqu'on en
a pompé l'air ; ils meurent fi on ne les

porte à l'air, ou fi on ne leur fait avaler de l'eau, ce qui les réveille & les guérit parfaitement ; la même chofe arrive, mais plus lentement, aux plus gros oifeaux, aux poules, aux canards, &c. auffi bien qu'aux chiens, aux chats, &c. mais on peut les rétablir très-promptement en les portant à l'air libre, ou en les jettant dans l'eau. Cette vapeur éteint le feu fur le champ, ainfi que la flamme d'une chandelle, ou d'une lampe même, lorfqu'elles font renfermées dans une lanterne, ou dans un vaiffeau tranfparent. On ne peut parvenir à allumer de la poudre à canon en battant le briquet au fond de cette caverne. Un phénomène très-fingulier que l'Auteur rapporte, c'eft que malgré la chaleur qu'il a dit qu'on fentoit aux pieds lorfqu'on reftoit quelque tems tranquille dans cette caverne, il affure que les barométres & les thermométres plongés dans cette vapeur n'éprouvent aucune variation. Voyez les *Tranfactions Philofophiques* à l'endroit qui vient d'être cité.

Ce qui vient d'être rapporté fait voir que ces exhalaifons font purement fulfureufes, & elles paroiffent être de la même nature que celles qui fe font fentir dans la fameufe *Grotte du chien* près de Puzzolo, dans le royaume de Naples ; fes phénomènes ayant été décrits par un grand nombre de Phyficiens, & ayant beaucoup de conformité avec ceux dont on vient de parler, on a cru inutile de répéter ici ce qui a déja été dit dans tant de livres à leur fujet.

On peut en dire autant d'une vapeur qui se fit sentir dans l'isle de Wight en Angleterre, à des ouvriers qui creusoient un puits. Parvenus à environ 18 pieds de profondeur, ils rencontrerent une couche de substance minérale d'environ 9 pouces d'épaisseur, qui étoit, dit-on, composée d'une mine de fer pyriteuse ; elle fut percée, & on continua à travailler sans nulle incommodité ; mais environ douze jours après, vers le soir, les ouvriers furent très-incommodés par une vapeur d'une chaleur suffocante, semblable à celle qui sort d'un four échauffé ; cette vapeur qui étoit sulfureuse, venoit de la couche de substance minérale qu'ils avoient percée : le lendemain deux jeunes hommes très-robustes moururent subitement pour s'être exposés à cette vapeur. On espéra qu'à la fin elle s'épuiseroit, mais comme on vit qu'au bout de huit mois elle alloit toujours en augmentant, & qu'elle s'élevoit sous la forme d'un brouillard fort épais au-dessus de l'ouverture du puits, on prit le parti de combler cette ouverture pour prévenir les accidens fâcheux qui pouvoient en résulter. Cette vapeur étoit fort basse lorsque le tems étoit serein, mais elle s'élevoit beaucoup plus haut dans les tems humides & pluvieux. Voyez les *Transactions Philosophiques*, n°. 450, pag. 383.

On peut encore regarder comme des exhalaisons sulfureuses de la même espéce, celles qui sortent d'une grotte d'Hongrie, située près de Ribar au pied

des monts Crapacks ; elles font fi pernicieufes, qu'elles font périr les oifeaux qui
volent par-deffus en rafant la terre de trop
près , auffi bien que les autres animaux
qui s'en approchent : cependant on ne
voit point fortir d'émanation fenfible ou
de nuages de cette grotte , au fond de
laquelle eft une fource d'eau , d'un goût
aigrelet, fans être corrofive , & dont on
peut boire impunément. Voyez les *Tran-
faêtions Philofophiques* , n° 452 , art. 3.

Outre les exhalaifons ou moufettes qui
viennent d'être décrites, il y en a d'autres
qui ont la propriété de s'allumer auffi-tôt
qu'elles s'approchent des lampes des ouvriers qui travaillent fous terre : ces fortes
de vapeurs fe montrent fur - tout dans
quelques mines de charbon de terre ; les
Anglois les nomment *Wildfire* , feu fau-
vage , & dans de certaines provinces de
France on les appelle *feu terou* ou *feu bri-
fou.* Lorfque les ouvriers ont donné avec
leurs outils contre certains endroits de la
roche , il en fort quelquefois un air em-
pefté avec un fifflement confidérable ; quelquefois cette vapeur paroît fous la forme
de toiles d'araignées , elle va s'allumer aux
lampes qui fervent aux travailleurs ; alors
il fe fait une explofion épouvantable femblable à un violent coup de tonnerre , &
ceux qui ont le malheur de s'y trouver expofés , font ou grillés , ou écrafés par ce
coup terrible.

M. Schober dans la defcription qu'il a
donnée des fameufes mines de fel gemme

de Wieliczka & de Bochnia en Pologne,
nous apprend qu'il fort quelquefois des
exhalaifons de cette efpéce des fouterreins
de ces mines ; pendant les jours de fêtes,
lorfque les ouvriers font hors de la mine,
& lorfqu'il ne s'y fait point de mouvement, ces vapeurs s'y amaffent, & le lendemain , quand on vient à y defcendre
avec de la lumiere , elles prennent feu
avec un fracas épouvantable , & caufent
fouvent de très-grands ravages. Voyez le
Magafin de Hambourg , vol. IV.

On a eu en Angleterre un exemple
d'une vapeur femblable, fortie du fein de
la terre , qui brûloit même à la furface
de l'eau. On eft parvenu à contrefaire artificiellement ces vapeurs qui ont la propriété de s'enflammer : on prend pour
cela deux gros d'huile de vitriol que l'on
étend dans huit gros d'eau commune ; on
met ce mélange dans une bouteille à long
col, & on y joint deux gros de limaille de
fer ; il fe fait une effervefcence confidérable, accompagnée de vapeurs qui s'allument à la flamme d'une bougie. On peut
conferver ces vapeurs dans une veffie pendant affez long-tems , fans qu'elles perdent la propriété de s'enflammer. Voyez
les *Tranfactions Philofophiques* , n° 442 ,
page 282.

On voit par-là que les exhalaifons minérales , ou moufettes , peuvent être de
différentes efpéces , & que fans être chargées de parties arfénicales , elles ne laiffent pas d'être très-pernicieufes. On peut

dire en général que l'air des fouterreins, fur-tout lorfqu'il eft dans un état de ftagnation, eft toujours dangereux. Il eft donc effentiel de tâcher d'y renouveller l'air : j'ai indiqué la manière la plus fûre d'y parvenir dans une Note fur l'*Art des Mines* de M. Lehmann , pag. 50 de ce volume ; j'y renvoie le Lecteur , ainfi qu'aux articles *Charbon minéral*, & *Exhalaifons minérales*, dans l'Encyclopédie.

On doit en général obferver que la façon dont les moufettes , ou exhalaifons minérales , agiffent fur les hommes , a beaucoup de rapport à celle dont agit la vapeur du charbon de bois allumé , & celle du vin qui fermente.

On a cru devoir ajouter ces faits pour fuppléer à ce qui pouvoit manquer au Traité fur les exhalaifons minérales de M. Lehmann.

Fin du Traité des Moufettes.

EXTRAITS

DE QUELQUES

MEMOIRES

Sur différens sujets d'Histoire Naturelle :

SÇAVOIR,

I. Sur les moyens à prendre pour faire une Description du Monde souterrein.

II. Lettre sur les Volcans.

III. Sur les eaux minérales & la mine d'alun de Freyenwalde.

IV. Sur les Curiosités Naturelles des environs de Halberstadt.

V. Sur les Marbres de Blankenbourg & de Langenstein.

VI. Sur une pierre changée en mine de cuivre.

VII. Examen de la question : *Si les mines se forment ou croissent encore journellement dans le sein de la Terre ?*

Par M. LEHMANN.

Tome I.   *

AVERTISSEMENT.

LES Mémoires dont on a
joint ici la traduction font
tirés d'un Journal très-curieux
qui paroît en Allemand à Berlin depuis quelques années,
fous le titre d'*Amufemens Phyfiques*. On a cru devoir les donner par extrait, afin de fuppri-
mer des détails qui ne feroient
que peu intéreffans pour ceux
qui n'habitent point le pays dont
il eft queftion ; mais on n'a rien
obmis de ce qui avoit du rapport avec l'Hiftoire Naturelle.

I.

DISCOURS *sur les moyens de faire une Description du Monde Souterrein.*

LE défir que les Sçavans ont eu de connoître les pays étrangers, a produit la plûpart des relations de voyages que nous avons; ceux qui lifent pour s'inftruire & non pour amufer leur ennui donneront toujours la préférence à celles de ces relations qui leur apprendront des chofes folides & qui intérefferont le bien de la fociété : parmi les ouvrages de ce genre, il me femble que l'on doit faire le plus de cas de ceux où l'on prend une idée de l'hiftoire d'un pays, de fes mœurs, de fon Gouvernement, de fon Hiftoire Naturelle, des Arts qui y font cultivés, de fon Commerce & de fes Etabliffemens. Il eft difficile de fe promettre des relations faites dans cet efprit ; la plûpart des Voyageurs n'ont ni le tems, ni les facultés, ni la capacité d'examiner les chofes dans un fi grand détail, elles fuffiroient pour occuper plufieurs perfonnes déja très-inftruites. Il faut cependant convenir que d'habiles gens ont déja fenti le défaut des voyages tels qu'ils font faits pour la plûpart, & que quelques pays ont été décrits avec affez d'exactitude relativement à certaines branches de l'Hiftoire Naturelle : c'eft ainfi que M. de Haller nous a donné la Botanique de la Suiffe, M. Linnæus celle de la Laponie, M. Gmelin celle de la Sibérie, M. Bochmer celle des environs de Léipfic, &c. Beaucoup de Voyageurs ont auffi parlé des animaux, c'eft même la partie de l'Hiftoire Naturelle à laquelle ils fe font communément le plus attaché ; mais la plûpart d'entre-eux ont gardé un profond filence fur le regne minéral, à moins qu'ils n'aient eu occafion de parler de quelques-unes de fes productions relativement au commerce, & fouvent ils l'ont fait d'une maniere très-imparfaite ; ce défaut ne peut

être attribué qu'au peu de connoiſſances de ces Voyageurs & à la difficulté de découvrir les ſubſtances que
la terre renferme dans ſon ſein. En
effet, je conviens que la vie d'un
homme ſeroit trop courte pour acquérir une connoiſſance des productions du regne minéral, qui s'éten-
dît de la ſurface juſque dans les pro-
fondeurs de la terre même dans un
eſpace de quelques lieues; on n'eſt
point en droit de l'exiger; il ſuffi-
roit ſeulement qu'il ſe trouvât dans
un canton quelques Curieux qui
vouluſſent ſe donner la peine d'e-
xaminer avec ſoin le terrein qu'ils
ont ſous les yeux, & ſuivre en cela
l'exemple qui leur a été donné par
pluſieurs Naturaliſtes qui nous ont
laiſſé des deſcriptions particulieres
des pays qu'ils habitoient.

Ce que je dis ne s'adreſſe qu'aux
perſonnes qui n'ont encore que peu
de connoiſſances de la Minéralogie;
celles qui ſont inſtruites n'ont pas
beſoin de mes conſeils : je vais donc
preſcrire quelques regles générales
pour parvenir au but que je propoſe.

1°. Avant toute chofe il faut fçavoir ce que c'eft que les minéraux, le coup d'œil qu'ils préfentent, ce qu'ils renferment; en un mot, il faut être en état de juger à la fimple vûe de la plûpart des mines, des fels, des pierres, &c, fans quoi on feroit dans le cas de trouver bien des fubftances dont on ne connoîtroit point la nature; cette connoiffance eft plus difficile qu'on ne penfe. On fçait à quel point varient les productions de la terre; & ceux qui ont de l'expérience n'ignorent pas combien on peut être abufé par le coup d'œil extérieur feul, attendu que la Nature fe plaît fouvent à mafquer une même fubftance fous une infinité de formes différentes.

2° Il eft important de fçavoir comment les fubftances font communément placées dans le fein de la terre; il eft impoffible de donner là-deffus des regles générales, la Nature ne s'affervit point dans le regne minéral à des loix auffi conftantes que dans les autres regnes; cependant l'habitude de voir & l'expé-

rience fuggéreront des principes qui
fe trouveront le plus fouvent con-
formes à la vérité.

3° Il eft à propos d'avoir quelque teinture de la Géométrie fouterreine pour pouvoir connoître les
fentes & les filons, & juger de leur
direction, & de la route qu'il faut
tenir pour les fuivre, & ne point les
perdre de vûe, ou pour les retrouver
lorfque quelque accident aura inter-
rompu leur cours. 4° Une perfonne
qui veut fe livrer à la recherche des
fubftances du regne minéral, ne peut
fe difpenfer de fçavoir la maniere de
les analyfer, par conféquent il faut
qu'elle foit inftruite dans la Chymie
& dans l'art des Effais, fans lefquels
l'expérience journaliere fait voir que
l'on peut être arrêté prefque à chaque pas.

Telles font les connoiffances préliminaires qui font néceffaires à l'entreprife que je propofe. Lorfqu'on
les aura acquifes on pourra commencer à travailler. Il faut avant toutes
chofes confidérer la pofition de fon
terrein, & ce qui fe trouve à fa furface.

On examinera s'il eſt uni ou montueux, s'il eſt pierreux ou ſablon-
neux, s'il eſt aride ou fertile ; on obſervera les rivieres, les ruiſſeaux &
les fontaines, on les jugera par le
goût & par l'odorat, l'on aura des
raiſons pour faire ces épreuves, attendu qu'un pays montueux donne
lieu d'eſpérer qu'on trouvera des
minéraux, au lieu que les plaines n'en
promettent point communément; à
l'exception des fontaines chargées
de ſel que l'expérience nous apprend
ſe trouver plutôt dans les plaines
que dans les montagnes. Cependant,
je le répete, ces regles ne ſont point
générales & invariables, elles ſouf-
frent des exceptions, je dis ſeulement que les choſes ſont ordinairement ainſi. Dans les montagnes on
obſervera ſi elles ont une pente douce ou ſi elles s'élevent bruſquement,
ſi elles ſont entieres, ou ſi les pierres
qui les compoſent ſont briſées, & par
fragmens ou débris; les premieres
annoncent de la durée pour les filons
qu'elles renferment, les dernieres

au contraire ne promettent point les mêmes avantages.

A l'égard des eaux, outre leurs propriétés internes, il faudra examiner leurs sources, leurs bords, leurs lits, &c; l'on observera si les terres, les pierres, le sable qui s'y trouvent contiennent quelque chose; les mines formées par transport & par alluvion doivent nous exciter à cet examen. Si l'on a rencontré quelque substance par cette voie, on en suivra la trace jusqu'aux endroits où elle se perd, parce qu'on sçait que tous les métaux & minéraux qui se trouvent dans les eaux, sont des fragmens arrachés des filons par la violence des eaux. Dans les plaines on examinera les pierres détachées qui y sont répandues, qui doivent aussi être regardées comme des fragmens & des débris que différens accidens ont séparés d'une masse.

On trouvera de la facilité dans ces recherches, si on examine les carrieres de pierres qui sont ouvertes, les glaisieres, & si l'on fait attention aux chemins creux & profonds: ces fortes de chofes peuvent tenir lieu des fouilles, & conduifent fouvent à des découvertes très-avantageufes. On fera encore guidé plus furement lorfque l'on pourra découvrir d'anciens veftiges de travaux commencés par nos ancêtres, & fur - tout quand il refte encore des anciens puits & des ouvertures faites à la terre pour le travail des mines, des débris de mines, &c. Quelquefois on apperçoit des exhalaifons & des vapeurs qui peuvent faire foupçonner la nature des fubftances renfermées fous terre. On peut regarder des arbres difformes, des lieux fecs & arides comme des fignes de minéraux cachés au - deffous de ces endroits. Chacun de ces fignes pris féparément, ne doit point faire efpérer de grandes découvertes; mais quand toutes ces indications viennent à concourir dans un même terrein, elles doivent fortifier la préfomption que l'on a de découvrir quelque chofe.

Voilà la maniere d'examiner la furface de la terre : defcendons maintenant dans fon intérieur. Il faudra

pour

pour cela fouiller en différens endroits; on fera attention aux différens lits de terre & de fable, & aux
couches ou bancs de pierres;on remar-
quera leur épaiffeur, les filons & les
vénules qui les traverfent, foit qu'ils
foient remplis ou vuides; on obfervera leur direction, les endroits où
ils vont aboutir à la furface de la
terre ; on examinera auffi les montagnes qui font féparées des prémieres
par des valons, & l'on verra fi les
filons fuivent leur cours en droiture,
ou s'ils changent de route, & l'on
pourra évaluer, fuivant les principes
de la Trigonométrie, les endroits
où ces filons fe partagent; ceux où
ils fe coupent & fe croifent, &c. La
fonde ou tarriere des mines, décrite
par feu M. Lehmann de Léipfic peut
être d'un grand fecours pour connoître les fubftances cachées fous terre.
Mais il faut fur-tout fe dégager de
préjugés, & ne point fe préoccuper
de l'idée que l'on trouvera une mine
en particulier; cela feroit paffer par-
deffus une infinité de fubftances dont
on pourroit tirer de l'utilité.Quand on

fera parvenu encore plus avant en terre, on fera attention comme on aura déja fait à la furface, aux fentes; on obfervera de quels *guhrs* ou terres métalliques elles font remplies, attendu que fouvent on peut tirer de-là des conféquences; c'eft ainfi que fouvent un *guhr* blanc ou bleu annonce de l'argent; le verd annonce du cuivre; le rouge annonce du fer. La couleur de la roche peut encore révéler bien des vérités ; mais cet examen demande une connoiffance des minéraux & de la Chymie. On peut examiner de cette maniere une contrée, en obfervant d'écrire à mefure toutes les remarques qu'on aura faites.

Lorfqu'on aura opéré de la maniere qui vient d'être indiquée, on n'aura qu'à lever des plans du terrein que l'on aura examiné, & mettre en ordre les différentes obfervations que l'on aura faites.

La plûpart des Souverains d'Allemagne ont fenti de quelle importance il étoit de favorifer les recherches des fubftances que la terre renferme dans fon fein ; on n'a pour s'en convaincre qu'à jetter les yeux fur les Ordonnances & Reglemens des Mines. En effet, les avantages qui en réfultent font très-grands & très-propres à étendre nos connoiffances dans l'Hiftoire Naturelle, & peuvent être d'une grande utilité, tant pour le Prince que pour fes Sujets. Comme ces recherches demandent fouvent de la dépenfe, il feroit à fouhaiter qu'un Souverain voulût y entrer ; la dépenfe qu'il feroit pour cela ne feroit point inutile, attendu que fouvent on pourroit découvrir chez lui des fubftances que l'on eft obligé de faire venir à grands frais de chez l'Etranger, &c.

I I.

EXTRAIT d'une Lettre de M. J. G. Lehmann *à M.* Chriſt. Mylius, *de l'Académie de Gottingen, ſur la cauſe des Volcans* *.

I. **L**A Terre nous préſente à ſa ſurface un grand nombre de phénomènes différens ; mais elle en recele dans ſon ſein un nombre d'autres beaucoup plus grand encore, dont nous ignorons entiérement les cauſes, & ſur leſquels nous ne pouvons former que des conjectures. Parmi ces phénomènes, je choiſirai les volcans ou les montagnes qui vomiſſent des flammes. Ces montagnes ſont aſſez connues, pour qu'il ſoit ſuperflu d'en donner ici la deſcription. Je m'arrêterai ſeulement à leur formation, aux matieres inflam-

* Cette matiere eſt traitée avec plus d'étendue dans le Mémoire ſur les Tremblemens de terre du même Auteur, qui ſe trouvera à la fin du troiſieme Volume.

mables qui les rempliffent , & à la caufe du mouvement qui éleve de ces cheminées fouterreines de la fumée, de la flamme , des pierres, des cendres & des torrens de foufre ; effets furprenans que je crois pouvoir attribuer à l'air contenu dans les entrailles de la terre.

2. Celui qui aura confidéré la nature avec quelque attention , conviendra que la terre renferme actuellement dans fon fein des fubftances qui font fujettes à un grand nombre de changemens. Ces fubftances abondent fur-tout dans les montagnes & les lieux élevés. On les rencontre en moindre quantité dans les plaines. Je n'infifterai point fur cette différence ; & pour ne point excéder les bornes d'une Lettre , je ne parlerai ni des mines & filons métalliques , ni des pierres précieufes , ni des marbres, ni des albâtres , &c. Je m'en tiendrai aux matieres qui fervent d'aliment aux feux fouterreins , & à la maniere dont l'air agit dans le creux des montagnes embrafées ; & je m'attacherai d'abord

à prouver qu'il y a réellement de l'air dans l'intérieur de la terre.

3. Rien dans la nature ne nous eſt plus connu que l'exiſtence du fluide dont notre globe eſt par-tout environné ; mais il eſt démontré par les obſervations que ce fluide a pénétré dans ſon intérieur. 1° Les mines n'ont point de ſouterreins ſi profonds, qu'on n'y trouve une quantité d'air aſſez grand pour s'y faire ſentir comme un vent violent; & qu'y a-t il en cela de ſi ſurprenant ? Comment un corps auſſi délié , auſſi ſubtil que l'air, ne ſe feroit-il point jour dans l'intérieur de la terre , qui lui préſente par-tout tant de paſſages , des fentes , des crevaſſes , mille voies de toute eſpéce pour s'inſinuer , deſcendre & ſe répandre dans les cavités les plus éloignées de ſa ſurface. 2° La maſſe immenſe de l'eau ſouterreine , entretenue dans une circulation & dans une évaporation continuelle par le mouvement interne de ſes parties , doit augmenter ſans ceſſe le volume de l'air. Car quel eſt l'effet de cette évaporation ? ſi ce

n'eſt d'exécuter en grand ce que nous imitons en racourci dans l'expérience de l'éolipile, où nous voyons un orage artificiel excité par l'eau miſe en expanſion. 3° La préſence de l'air dans les entrailles de la terre eſt un fait. Elle eſt atteſtée par les Naturaliſtes les plus célebres. Ouvrez la Pyritologie du fameux Henckel, & vous lirez, page 308 de cet Ouvrage, que le feu ſouterrein eſt ſur-tout mis en action par le concours de l'eau de la mer. Boccone dans le Livre qu'il a intitulé, *Muſeo di fiſica & di eſperienʒe*, page 166, vous dira qu'aux environs d'Agrigente il y a des endroits agités d'un tremblement continuel, qu'il s'y fait dans des eſpaces de tems aſſez courts des éboulemens de terre, que des maſſes de terre tombantes les unes ſur les autres, le choc tranſporte un lieu à la place d'un lieu voiſin qui vient de diſparoître ; qu'il ſe fait alors des ouvertures qui paroiſſent dirigées au centre de la terre ; & qu'il s'en échappe un vent ſi impétueux, que les perches qu'on y jette, ſont repouſſées avec autant de force que si elles partoient de la bouche d'un canon. Ce Naturaliste ajoute qu'il y a beaucoup d'endroits dans l'Italie, où l'on observe le même phénomène. Les Siciliens les appellent *Macalubi*. 4° Enfin toutes les descriptions qu'on nous a données des volcans parlent d'un bruit, d'un fracas, d'un sifflement qui partent de leur cavité, & qui se répandent au loin. Quelle en pourroit être la cause ? si ce n'étoit pas un vent violent qui souffle continuellement sur un feu renfermé, qui excite la flamme, & qui produit l'effet même de ces soufflets qui embrâsent les fourneaux des forges & des fonderies. On va voir quel jour ces travaux méchaniques peuvent jetter sur le phénomène des volcans.

4. Les fourneaux qu'on emploie à la fusion des métaux, ressemblent assez par leur construction aux volcans. Ils sont plus larges par le bas que par le haut, & c'est ce que nous remarquons dans les volcans. Le vent souffle de la partie inférieure, & se porte dans le fourneau par l'en-

droit où il eſt le plus large ; c'eſt la même choſe dans les volcans. S'il arrive dans les fourneaux que le vent des ſoufflets ſoit trop violent, le minerai qui eſt réduit en poudre déliée , celui qui eſt en maſſes plus groſſieres , ſont également diſperſés & chaſſés avec violence par la partie ſupérieure ou cheminée du fourneau ; ainſi qu'il eſt démontré par la cadmie ou l'enduit qui s'y attache , & qui contient du zinc , ou même des particules de métaux plus parfaits ; or combien ne ſera·t-il pas plus facile encore au vent ſouterrein de ſoulever , & de lancer par la bouche d'un volcan de l'aſbeſte brulé ſous la forme de pierre-ponce , & ſur-tout du ſoufre fondu, cette derniere ſubſtance étant par ſa nature très-diſpoſée à s'élever ? Dans les fourneaux, lorſque le vent des ſoufflets eſt mal dirigé, ſouvent ils en ſont fondus, calcinés & détruits ; il en arrive autant aux volcans ; ils crévent & s'entr'ouvrent, tantôt à la baſe, tantôt au milieu, & il en ſort ces torrens de matiere liquide que

O v

les Italiens nomment *la lave*. Il feroit facile de fuivre cette comparaifon plus loin encore, & d’en fortifier l’analogie par les phénomènes des tremblemens de terre, & par l’examen des vapeurs & des exhalaifons fouterreines & minérales, dont l’effet fi connu de fondre & de détruire les métaux, ne laiffe aucun doute fur la préfence & fur l’action de l’air dans les entrailles de la terre.

5. Il eft donc conftant qu’il y a de l’air dans l’intérieur de la terre. Il s’agit maintenant de rechercher par quelle route il y a pénétré. J’ai déja parlé, §. III, des filons & des fentes, mais cette voie n’eft pas la feule qui lui foit ouverte. Les tremblemens de terre & la pofition des volcans toujours voifine de la mer, donnent lieu à de nouvelles conjectures, & font foupçonner de la liaifon entre la mer & les volcans. Je ne penfe nullement que notre globe foit pénétré de part en part par les eaux de la mer : & que telle foit l’origine des fources d’eaux falées. Je n’ai pas befoin d’une fuppofition auffi vague

& aussi étendue. Il me suffit d'imaginer qu'il y a sous terre des canaux, des fentes, des veines qui communiquent jusqu'à la mer, & par lesquels les eaux peuvent pénétrer dans l'intérieur de la terre. L'existence d'un air souterrein découle naturellement de cette seule hypothèse ; car partout où il y a de l'eau, il faut encore qu'il y ait de l'air.

6. Mais par quel méchanisme cet air, renfermé dans le sein de la terre, agit-il ? Comment excite-t-il la flamme, & produit-il les autres phénomènes que nous remarquons dans les volcans ? J'observerai d'abord que la terre renferme en plusieurs endroits des substances qui ont une grande quantité de matiere inflammable. Pour s'en convaincre, il suffit de jetter les yeux sur les espaces immenses qu'occupent les tourbes & les terres inflammables ? Quelle est la contrée de l'univers où l'on n'en trouve point ? Où ne rencontre-t-on pas des sources qui donnent du naphte & du bitume ? Plusieurs contrées abondent en asphalte, en succin, en

terres d'ombre ; il y a un grand nombre de mines remplies de pyrites. La terre n'eft donc prefque par-tout qu'un grand amas de matieres combuftibles. Mais ces matieres ne peuvent pas toutes s'enflammer d'elles-mêmes ; il faut une caufe qui les allume pour la plûpart. Plufieurs ne prennent du mouvement & de la chaleur que par des combinaifons préliminaires. Les unes, telles que les pyrites, la chaux vive & le cobalt écrafé, veulent être humectées. Il faut que d'autres aient été frappées vivement des rayons du foleil. Interrogez là-deffus les Hiftoriens & les Naturaliftes, mais fur-tout Boccone. Il y en a qui ne font amenées à l'inflammation que par la voie de la fermentation. Le foin demi-féché nous en fournit un exemple ; & il y a quelques années qu'à Berlin il fortit d'une cave une flamme de la même nature qui fit périr une perfonne. En un mot, il y a un affez grand nombre de manieres différentes dont les corps s'échauffent, & dont leurs parties parviennent à concevoir le mouvement interne & violent qui les embrâfe. Mais fi nous obfervons avec foin la formation des volcans, nous appercevrons bientôt qu'ils s'allument par une fermentation interne & par une agitation rapide des parties des corps qui y font renfermés. On fçait d'ailleurs que les corps ne s'échauffent point autant feuls & d'eux-mêmes, que quand le concours de l'eau fe joint à l'action qui leur eft propre ; & comme les montagnes enflammées font pour la plûpart voifines de la mer, on eft entraîné à croire que l'affluence de cette eau vifqueufe & falée qui contient une grande quantité de parties inflammables, doit contribuer à la production d'une flamme violente & rapide. C'eft auffi ce qui arrive dans les volcans. Les fentes & les filons répandus le long des côtes de la mer, laiffent à fes eaux un libre paffage pour aller attaquer, diffoudre & mettre en jeu les pyrites qui fe rencontrent à la bafe des volcans. Cette diffolution ne fe fait point fans une efpéce de fermentation ; & fans air, on ne peut concevoir de fermentation. La formation du vitriol produit journellement est très-propre à éclaircir ce dont il s'agit. Elle s'exécute rarement sans une chaleur interne qui s'accroît par degrés, & se termine souvent en une inflammation réelle. Qu'alors il survienne un vent qui favorise ce phénomène ; que l'inflammation s'étende & soit portée dans un grand amas de matieres également inflammables, il y aura aussi-tôt éruption de flammes ; les flammes seront portées en haut, & feront une image effrayante de ce qui s'opere dans les fourneaux, où l'on traite les métaux par le vent des soufflets. D'où l'on peut conclure que la production d'un pareil feu n'exige même qu'une certaine quantité d'eau, au-delà de laquelle la flamme produite seroit éteinte. Voilà, ce me semble, la cause à laquelle il faut rapporter les écroulemens de terre. C'est particuliérement dans le voisinage des eaux minérales & thermales, ou chaudes, que la terre s'affaisse. Plusieurs Naturalistes, & entre autres, le céle-

bre M. Seip n’explique ce phénomène que par l’action des eaux fouterreines. Voyez page 30 de la *Defcription des eaux de Pyrmont*. Sans
prétendre contredire ce grand homme, j’ajouterai mes idées aux fien-
nes. Je crois donc qu’anciennement
il y avoit aux lieux où brûlent aujourd’hui des volcans & où il y a des
eaux thermales, des amas de pyrites
qui ont été mifes, & qui font encore
mifes en diffolution par le concours
de l’eau ; que telle eft l’origine de
ces eaux , & qu’alors la terre eût
vomi des flammes, fi , après avoir
été minée par l’eau qui étoit au-
deffous d’elle , elle ne fe fût affaiffée,
& n’eût pas étouffé le feu allumé
dans fon intérieur. D’où je conclus
qu’il faut principalement regarder
ces écroulemens de terre comme les
fuites d’un embrâfement interne &
caché. C’eft auffi le fentiment de
Lange. Cet Auteur rapporte dans la
feconde Partie de fon Traité des
Eaux thermales de Carlsbade (*de
Thermis Carolinis*) qu’il s’alluma un
efpace de terrein vitriolique & alu-

mineux près de Schmiedberg en Saxe, & que ce phénomène fut précédé d'une grande chaleur qui avoit été suivie d'une pluie douce. Nous ne manquons pas d'exemples plus récens qui conſtatent la même vérité, mais il ſeroit long d'en faire mention. C'eſt par la même raiſon que j'obmets l'expérience de Lemery avec le fer & le ſoufre, quoique ces faits puiſſent tous également confirmer mes idées.

7. Mais un objet bien digne de recherche, c'eſt la raiſon pour laquelle les volcans contiennent tantôt du ſuccin, tantôt du bitume ; ici des charbons de terre ; là de la tourbe, du naphte, de la pierre à chaux, ou de la calamine. Boccone dit dans l'ouvrage que nous avons cité, que la Sicile abonde en ſources chargées de bitumes, & qu'on y trouve ſouvent du ſuccin. Il parle encore d'un goufre enflammé qu'on a découvert ſur les côtes de la Pruſſe, près de Zulaur, où la paille s'allume quand on y en jette. L'Allemagne n'eſt pas étrangere à ces phénomènes ; & il

n'eſt pas rare d'y trouver des terreins qui s'y ſoient allumés ; on peut
citer, entre autres, celui qui s'eſt em-
brâſé, il y a quelques années, dans
le voiſinage de la ville de Moſcow
en baſſe Luſace, & celui de Belzig
dans le Cercle Electoral. Swedenborg dans ſon Ouvrage intitulé,
Opera mineralia, de cupro, pag. 342,
raconte que dans un champ, près
d'Aix-la-Chapelle, non loin des carrieres d'où l'on tire la pierre calaminaire, on trouva, en creuſant un
puits, une ſource remplie de pyrite
vitriolique, & qu'en creuſant davantage on aboutit à une cavité d'où
il ſortit du feu. Cet habile Natura-
liſte ajoute qu'il y avoit à peu de
diſtance de-là, trois montagnes, dont
une contenoit du charbon de terre ;
une autre, de la pierre à chaux rouge,
violette & griſe ; & la troiſieme, de
là pierre calaminaire. On reconnoît
facilement dans le concours de ces
trois ſubſtances l'origine d'un feu
ſouterrein. En général, la nature pro-
duira fréquemment de pareils phénomènes, lorſqu'elle opérera, dans

le fein de la terre, la diffolution de
certains corps ; qu'elle mettra les parties de ces corps en une fermentation qui les échauffe , & que l'embrâfement fera favorifé par l'action
de l'air. Et l'on imitera la nature dans
ces effets , en compofant artificiellement une certaine pierre qui, pour
peu qu'on l'humecte , s'allume &
donne de la flamme , & dont on
trouve la defcription dans plufieurs
ouvrages de Chymie.

III.

EXTRAIT d'un Mémoire sur les Eaux Minérales de Freyenwalde, sur ses Mines d'Alun, & sur les Curiosités naturelles des environs.

FREYENWALDE est une ville de la moyenne Marche de Brandebourg, située sur l'Oder, à sept milles & demi de Berlin ; elle est fameuse par ses bains & par sa fabrique d'alun. Entre Berlin & Freyenwalde le terrein va toujours en montant : il est stérile, & l'on y voit beaucoup de champs entiérement incultes ; il y a cependant des endroits où la terre paroît grasse, noire & ochracée ; du côté de l'Oder, le terrein est marécageux ; mais du côté des mines d'alun, la glaise y domine. L'air ne paroît point devoir y être fort sain, à cause des eaux vitrioliques & alumineuses & des marais qui y sont, & des exhalaisons qui y régnent. M. Menzel, Médecin, a donné dans les *Ephémérides des Curieux de la Nature*, année 1684, pag. 53 , un détail sur l'origine des eaux de Freyenwalde. M. Gohl , Médecin, publia en 1716 un Traité sur les vertus & sur l'usage de ces mêmes eaux. On en trouve aussi un détail dans les *Opuscul. Medic. Physic.* de Hofmann , Tom. II. pag. 106. Comme ce n'est point en Médecin, mais en Naturaliste que j'ai voulu examiner ce canton , je renvoie le Lecteur aux Ouvrages qui viennent d'être cités, pour les descriptions des maladies que ces eaux guérissent.

Tout ce canton est rempli de sources d'eaux minérales qui viennent des montagnes des environs, & qui se rassemblent dans un réservoir , au-dessus duquel l'on a élevé un édifice soutenu par huit colonnes, & assez semblable à un temple antique ; c'est-là qu'on va prendre les eaux. Cette eau est très-fraîche, le goût en est légérement ferrugineux , ce qui vient des pyrites & de la terre martiale, ou de l'ochre qu'elle contient ; c'est ce qu'avoit deja remarqué M. Menzel dans l'Ouvrage qui a été cité, où il dit : « *Fons hic* » *exhalat aliquid fulphurei, conti-* » *netque aliquid adftrictionis à ferro* » *provenientis. Silices in eo reperti* » *fulphure aureo & venereo obducti* » *vifuntur, ferrum autem in eo fæ-* » *pius fubmerfum croceo colore in-* » *ficitur, ab ochra & ferri minera* » *in aquis iftis latitante, quæ pa-* » *rum falis & fulphuris arguit.* «

En effet, on y trouve des cailloux qui font couverts d'un enduit de foufre : quant à la terre martiale, on en a une preuve dans l'ochre qui fe dépofe abondamment au fond du réfervoir. Près de-là font les bains où l'eau eft conduite par des tuyaux, après avoir été chauffée dans des chaudieres ; on ne s'apperçoit de l'odeur fulfureufe de cette eau, que lorfqu'elle a été chauffée.

On n'a jamais trouvé de pyrites compactes & folides dans ces fources, ni dans les terres des environs ; ce qui arrive pourtant communé- ment aux environs des autres eaux minérales & thermales. A moins qu’on n’en excepte quelques cailloux, à la surface defquels il y a une petite portion de pyrite attachée extérieurement ; c’eft à quoi il paroît qu’il faut attribuer le goût foiblement vitriolique de ces eaux. On pourroit conjecturer que la terre d’ombre & la grande quantité d’alun qui eft dans le voifinage, doivent contribuer aux vertus de ces eaux, mais cela eft difficile à vérifier ; car il faudroit pouvoir fuivre fous terre les veines par où elles paffent, ce qui deviendroit impraticable à caufe des couches de fable qui s’y trouvent.

Outre le dépôt d’ochre on ne remarque pas qu’il fe faffe d’incruftation, ou de dépôt calcaire, ou de *tophus* dans la fontaine. Ce qui donne lieu de croire que ces eaux ont leur fource à une profondeur affez confidérable fous terre, & beaucoup au-deffous de la couche de fable dont on a parlé. Car fi elles paffoient par ce fable, elles contiendroient beaucoup de terres femblables, attendu que ce fable eft rempli d’incruftations blanches & ochracées, aussi bien que d'osteocolle, comme on le dira plus loin, qui prouve la présence d'une terre calcaire atténuée.

La fabrique d'alun est environ à une lieue de la ville au Nord-ouest, au milieu d'un vallon tout entouré de montagnes & de forêts. Le terrein par où l'on passe pour s'y rendre, est d'abord sabloneux, mais ensuite il est glaiseux & marécageux par les sources qui viennent s'y rendre. La mine d'où l'on tire l'alun, est dans une montagne assez élevée, & dont la pente est assez rude, on y entre par une ouverture, ou galerie horisontale qui s'enfonce d'environ 350 pieds; elle est éclairée par des lampes qu'on place des deux côtés. C'est par cette galerie qu'on fait sortir la mine qui se tire de l'autre côté de la montagne; l'endroit d'où elle se tire est exposé à l'air libre, & ressemble à une carriere; sa circonférence est de 4 à 500 aunes, ou de mille pieds, & elle peut avoir cent aunes de profondeur. Les couches de terres varient considé-

rablement dans cet endroit; au-deffous de la terre végétale qui n'eft
point fort épaiffe, il y a beaucoup
de fable entremêlé d'ochre; au-deffous de ce fable il y a tantôt une
roche brifée, tantôt de la glaife, mêlée de mine de fer; plus bas eft une
couche de fable fort épaiffe, mêlée
de mine de fer, & l'on y voit déja
des petites veines de mine d'alun ;
c'eft au-deffous de ce fable qu'on
rencontre la mine d'alun, qui eft une
terre d'un brun noirâtre & inflammable, tantôt plus, tantôt moins
épaiffe, qui eft quelquefois traverfée
par des petites veines de fable, de
glaife, & fur-tout de *glacies Mariæ*
ou de gypfe feuilleté. Il y a 70 à
80 ouvriers qui travaillent dans
cette mine. Les morceaux de *gla-*
cies Mariæ qui s'y trouvent, font
ou en maffe de figure rhomboïdale,
ou cryftallifés & en étoiles, &c ; mais
cette pierre eft elle-même entremêlée avec de la terre alumineufe, &
par conféquent n'eft point fort pure.

Au Nord-oueft de cette efpéce
de carriere on a fait plufieurs
galeries

galeries dans le fein de la montagne, qui ne font point étayées par de la charpente, ni par de la roche, mais pratiquées dans la mine d'alun elle-même; elle avoit la même couleur que celle qui a été décrite ci-devant, & étoit pareillement entre-mêlée de *glacies Mariæ*. Les ouvriers y travaillent pendant huit heures. Ces galeries n'ont que peu d'eau; la mine eft très-ferrée & très-compacte, & l'on n'y remarque ni fentes, ni aucune couche étrangere.

Cette fubftance ne doit point être proprement appellée une mine, puif-qu'elle ne contient point de métal, ce n'eft qu'une terre noire, graffe, vifqueufe & ténace, qui s'allume dans le feu en répandant une fumée qui a l'odeur du foufre, & qui ne contient que de l'alun & du vitriol; les ouvriers la tirent du fein de la terre, & la mettent en grands tas, avant que de pouvoir en faire ufage; car il faut qu'elle ait été expofée pendant un an à l'humidité de l'air pour s'y décompofer, & même ce tems fuffit à peine pour qu'elle fe développe entiérement, comme nous aurons occaſion de le dire.

La terre alumineuſe reſte donc ainſi entaſſée pendant une année entiere ; elle n'eſt pourtant point entiérement à l'air ; on conſtruit un angar de planches, qui couvre les tas par le haut, mais les côtés ſont découverts ; ces angars ſont aſſez grands pour mettre à couvert une quantité de mine aſſez conſidérable : pendant ce tems elle attire beaucoup d'humidité de l'air, & devient propre à être lavée pour donner ſon ſel. A la ſuite des grandes pluies, lorſqu'un ſoleil ardent y ſuccéde, ſouvent ces tas s'échauffent ſi fortement qu'ils brûlent en tout ſens, & jettent de petites flammes.

Il ne faut qu'une foible connoiſſance de la Chymie & de la nature des pyrites, pour concevoir comment cela arrive. En effet, le coup d'œil ſuffit pour voir que cette mine eſt mêlée de petits grains de pyrites ; on les diſtingue encore mieux à l'aide du microſcope. Il n'y a guère moyen d'éteindre cet embraſement, à moins de tranſporter très-promptement ce qui n'eſt point encore enflammé, quand on s'en apperçoit à tems, ou de mettre tout le tas ſous l'eau.

Voici les phénomènes qu'on obſerve dans ces embrâſemens. 1° Ce feu s'allume dans l'intérieur, & ce qui eſt fâcheux, c'eſt qu'il a ſouvent duré aſſez long-tems au-dedans du tas avant qu'on s'en apperçoive à l'extérieur. 2° On ne peut point éteindre ce feu avec de l'eau, à moins que de pouvoir inonder entiérement tout le tas. 3° On n'apperçoit la flamme qui ſe dégage que pendant la nuit, pendant le jour on ne voit que de la fumée. 4° L'odeur qui en part eſt très-pénétrante, elle eſt acide & ſulfureuſe, cependant elle n'eſt pas la même que celle du ſoufre ordinaire; elle reſſemble à celle de la fumée des charbons de terre: quand on tient le nez directement au-deſſus, elle ôte la reſpiration & fait touſſer. 5° Par cette inflammation il ſe forme une grande quantité de fleurs de-ſoufre à la ſurface du tas, elles ne différent en rien des fleurs de foufre ordinaire , finon qu'elles ne font point d'un fi beau jaune , elles font d'un jaune pâle , & impures. 6°. Avec les fleurs de foufre il s'attache fur les côtés une matiere graffe qui brûle très-aifément, & qui répand une odeur fulfureufe & arfénicale ; cette matiere fe féche, & devient friable à la chaleur, mais enfuite elle attire fortement l'humidité de l'air ; elle devient blanche & vifqueufe , & elle eft d'un goût amer, dégoûtant & prefque métallique. 7° Par cet embrâfement le *glacies Mariæ* fe calcine , & fe réduit en une efpéce de chaux foluble dans de l'efprit urineux ; & quand on filtre la diffolution, il fe dépofe fous la forme d'une terre d'un rouge pâle ; mais l'efprit urineux donne un fel blanc d'un goût amer & doucereux. 8° Enfin par l'embrâfement la mine d'alun eft réduite en une terre d'un brun rouge foncé , qui n'eft propre à rien qu'à peindre les murailles à l'extérieur.

Lorfqu'un tas a été pendant un an expofé à l'air fans y prendre feu , le vitriol qu'il contient se montre en plusieurs endroits de la surface, ce qui produit un coup d'œil assez agréable. La terre n'est plus si compacte, attendu qu'elle s'est décomposée. Alors on l'arrange dans 18 auges, ou réservoirs, revêtus de bois, & formés en terre, que l'on emplit d'eau; on l'y laisse séjourner pendant 24 heures, en la remuant de tems en tems; par-là l'eau se charge de l'alun & du vitriol. Au bout de 24 heures, cette eau chargée de sel, est conduite par des tuyaux de bois qui passent sous terre, jusques dans l'attelier où on la fait bouillir & évaporer. On remet de nouvelle eau à plusieurs reprises sur la mine, jusqu'à ce que tout l'alun en ait été extrait, après quoi on l'expose encore pendant un an à l'air, & au bout de ce tems on la remet encore dans les auges ou réservoirs, & on la lave comme la premiere fois; après cela on la jette comme inutile.

Dans l'atelier l'eau qui s'est chargée de l'alun, est reçue dans sept grandes chaudieres de plomb, où on la fait

cuire, de maniere pourtant qu'il y
en entre toujours de nouvelle ; car
il faut que les chaudieres demeurent
toujours pleines. Lorsque l'Inspecteur croit que l'eau a été suffisamment évaporée, il en prend dans un
vaisseau, ou plat de terre, il la fait
évaporer, & il voit la quantité d'a-
lun que cette eau, qu'il a pesée, lui
a donnée. Si la quantité est suffisante,
il fait ôter le feu de dessous la chaudiere, & l'eau chargée d'alun est
reçue dans une grande cuve, au
fond de laquelle il se fait un dépôt
jaune, semblable à celui qui s'est
formé pareillement dans la chaudiere : c'est cette matiere qui contient
le vitriol : de cette cuve la lessive
ou l'eau chargée de sel, passe dans
sept autres cuves moins grandes, où
on la laisse séjourner quelques jours,
en observant de la remuer trois fois
par jour, afin que l'alun se dégage
de la matiere jaune dont on a parlé.
Quand le tout est parfaitement refroidi, on y joint ce qu'on appelle
le *fondant*, qui n'est autre chose que
la lessive ou l'eau mere des favoniers,

réduite à siccité, & qui est devenue dure comme une pierre, mais que l'on fait dissoudre dans de l'eau ; par-là on acheve de dégager toute substance étrangere d'avec l'alun : quand cela est fait, on laisse encore bouillir l'eau jusqu'à ce qu'il se forme une poudre blanche au fond de la chaudiere, qui n'est que de l'alun. L'Inspecteur le dissout encore une fois dans l'eau, il le fait bouillir de nouveau, & quand il croit qu'il y en a assez, il la fait mettre dans de grands tonneaux, dans lesquels l'alun se crystallise sous la forme qu'on lui voit dans les boutiques des Apoticaires & des Droguistes. Un de ces tonneaux contient ordinairement dix quintaux, & en dix jours on fait communément cent quintaux d'alun. Chaque quintal se paie sur le pied de cinq écus d'Allemagne & douze gros, (environ vingt livres, argent de France).

On a dit qu'il se déposoit une matiere jaune, c'est cette matiere qui contient le vitriol ; on la prend pour la dissoudre dans une chaudiere de plomb, où on la fait bouillir ; on laiſſe refroidir cette diſſolution dans un grand tonneau, & par des canaux de bois on la fait couler dans des auges, ou dans des foſſes garnies de planches, qui ſont à l'air libre, & qui ne ſont couvertes que de planches. On ſuſpend dans ces foſſes des morceaux de bois qui reſſemblent à des herſes, étant hériſſés de plus de ſoixante chevilles où pointes, ſur leſquelles le vitriol s'attache & ſe cryſtalliſe. Quand ce dépôt, ou cette terre a été lavée ſoigneuſement, elle devient parfaitement jaune, & donne une couleur ſemblable à l'ochre ; on peut s'en ſervir pour les peintures extérieures des maiſons. Cet alun & ce vitriol ne ſont point aſſez purs pour être employés dans les opérations de la Chymie qui demandent de l'exactitude, parce qu'ils participent l'un de l'autre ; ils ſont aſſez bons pour les uſages méchaniques.

Les chaudieres dont on ſe ſert pour ces opérations ſont, comme on a dit, de plomb ; elles peuvent durer deux ans, au bout deſquels on les refond.

Le vitriol qu'on obtient eft d'un verd pâle, par conféquent il eft martial; fa pâleur vient de l'alun avec lequel il eft mêlé; pour cette raifon il n'eft pas fort recherché, & on ne le vend que deux écus & 12 gros (huit livres) le quintal.

Sur la route de Freyenwalde à Berlin il ne fe préfente d'abord rien de remarquable, finon quelques pierres chargées d'empreintes & de pétrifications. Enfuite je rencontrai quelques dendrites fur de grandes pierres à fufil; elles étoient remarquables, parce qu'on pouvoit y obferver la formation de ces dendrites d'une façon très-diftincte: en effet, elles étoient produites par des racines déliées de plantes, qui avoient pénétré par les petites fentes du caillou, & que j'y trouvai; & après les avoir détachées, leur empreinte reftoit encore marquée fur la pierre; il y a lieu de croire que beaucoup de dendrites font ainfi formées. Ce canton eft rempli de bois de chêne & de fapin; les plantes qui s'y trouvent font, le *convolvulus sylvestris flore albo*, le *clinopodium minus*, *Lychnis hirta minor flore rubro* ; une espéce de *xanthium*, *nigella flore cæruleo simplici*, *alcæa flore purpureo cæruleo*. Le terrein est composé d'un sable assez blanc, mêlé en quelques endroits d'un sable couleur d'ochre & ferrugineux, dans lequel se trouve une espéce d'osteocolle qui s'est formée sur les racines du *convulvulus* & du *clinopodium*, dont on vient de parler ; cette osteocolle n'est point grosse, mais très-blanche ; elle est tendre & cassante sous terre, mais elle se durcit promptement à l'air ; il ne s'en étoit point formé sur les racines des sapins, ce qui paroît mériter d'être remarqué.

On trouve aussi près de-là des incrustations, & un *tophus* qui est recouvert du bois & qui est rempli d'empreintes de feuilles. Au reste, tout ce canton est plein de mines de fer & d'incrustations ferrugineuses. Dans le voisinage se trouve une terre noire, traversée en quelques endroits par des veines de sable d'un pouce d'épaisseur, qui la coupent

verticalement, & non en ligne droite;
mais ces veines forment des angles
semblables à des desseins de fortifi-
cations. Cette terre distillée donne
une huile d'un brun noirâtre, dont
l'odeur est empyreumatique, & qui
s'enflamme comme du naphte. M.
Gohl a observé dans les *Miscellanæa
Berolinensia*, Tome I. qu'une once
de cette terre, mêlée avec trois onces
d'alun, fait un pyrophore. Cette terre
paroît être de la nature de celles que
M. Ludwig, dans son Traité, *de
Terris Musæi Regii Dresdensis*, appelle *terre d'ombre*, dont, selon lui,
le caractère est de ne point s'imbiber d'eau, de répandre une odeur
désagréable, lorsqu'on en met sur
des charbons, & de donner une matiere grasse à la distillation. Ces trois
propriétés se trouvent dans la terre
dont il s'agit, excepté que l'odeur
n'en est pas tout-à-fait désagréable,
& ressemble à celle du succin.

Le terrein est si chargé de fer dans
les environs de Freyenwalde, qu'on
a remarqué que les plantes potageres
& les racines qui y croissent, pren-

nent un goût âpre & vitriolique.

Près de la mine d'alun on trouve plusieurs différentes espéces de mines de fer, des étites ou pierres d'aigle, des incrustations ferrugineuses, &c. Il y avoit autrefois une forge dans cet endroit, mais elle a été abandonnée, parce que le fer n'étoit point d'une bonne qualité. Il y a long-tems qu'on y a trouvé une couche entiere de coquilles, & sur-tout de cames assez grandes, changées en mine de fer ; elles sont, comme la plûpàrt des mines de fer, d'un brun foncé à l'extérieur, & de couleur d'ochre ou jaunes à l'intérieur.

Il y a quelques années que l'on trouva aussi dans l'endroit où l'on tire la mine d'alun, un arbre tout entier, qui n'étoit point pétrifié, mais entiérement pénétré d'une matiere bitumineuse, & qui étoit devenu noir comme du charbon ; ce bois s'enflamme aisément, & brûle comme un flambeau ; il en découle une huile épaisse, de couleur brune, & il donne une cendre d'un rouge même plus vif que le résidu de la distillation du vitriol ; ce qui prouve clairement qu'il s'y trouve des parties vitrio-liques & ferrugineufes.

On a outre cela trouvé dans ces environs plufieurs pétrifications, & entre autres de belles *ortocératites* & d'autres coquilles plus communes, auffi bien que des dendrites. Près d'un village nommé Ranft, on trouve des ochinites de l'efpéce qu'on nom-me *echinites favillaris*, ou en rayon de miel, des *fongites*, & d'autres co-quilles pétrifiées. En continuant la route vers Berlin, on rencontre beau-coup de cailloux chargés des em-preintes de différentes coquilles.

Fin de l'Extr. fur les Eaux minérales de Freyenwalde.

IV.

EXTRAIT d'une Lettre sur les Curiosités naturelles du pays de Halberstadt.

DEPUIS Magdebourg jusqu'à Halberstadt, le terrein va toujours en s'élevant. Les plantes qu'on y rencontre le plus communément, font :

Mentha agraria.

Saponaria.

Serpillum.

Plantago, le plantin des deux espéces.

Orcoselinum.

Muscipula.

Différentes espéces de *Lychnis.*

Eryngium.

Carduus major flore purpureo.

Lilium aquaticum.

Linægrostis, &c.

Le terrein est gras & glaiseux en quelques endroits : les pierres les plus ordinaires font, le grais, la pierre à chaux, les cailloux ou pierres de corne, qui ne ressemblent

point aux pierres à fusil ordinaires,
mais qui sont de la nature du jaspe,
& comme lui, de différentes couleurs. C'est le grais qui est la pierre
la plus commune, & il y a des montagnes qui en font entiérement composées ; ce grais n'est pas blanc, ni
d'un grain très-fin, il est grossier &
ferrugineux, par conséquent d'une
couleur brune ; il perd aisément sa
liaison à l'air ; il mérite pourtant d'ê-
tre remarqué pour sa position & pour
ses propriétés ; en effet, il est arrangé
par lits placés les uns sur les autres ;
chaque lit a environ un pied, &
même plus, d'épaisseur ; entre chaque lit il se trouve de la terre mêlée
de sable. Ce qu'il y a de plus remarquable, c'est que l'on voit en cet
endroit une colonne toute droite de
grais, composée de tous ces différens
lits, & qui ressemble à un morceau
d'une ancienne muraille : cette colonne peut avoir 40 pieds de hauteur & 30 pieds de circonférence ;
il s'est détaché quelques morceaux
sur ses côtés ; on la nomme la *Co-*
lonne du Diable. Près de-là est la

montagne appellée *Closterberg*, qui eſt compoſée depuis ſon ſommet juſqu'à ſa baſe de couches de grais ; elle préſente la forme d'un cône tronqué, les ſéparations que font les différentes couches de grais, ſervent comme de marches, ou de degrés, pour y monter. On a pratiqué pluſieurs creux ou cavernes dans cette montagne.

Un phénomène digne de remarque, c'eſt que ce grais eſt rempli d'excroiſſances, qui ſont de la mine de fer, dont quelques-unes ſont de la groſſeur d'une balle à fuſil, d'autres de celle d'un pois. J'ai déja fait obſerver que tout le grais eſt ferrugineux, & même il s'y trouve des veines & des maſſes de cette mine. On dira peut-être que ces excroiſſances & ces maſſes ſont de la mine de fer, dont le grais qui les environnoit, s'eſt détaché après avoir perdu ſa liaiſon à l'air, tandis que la mine de fer, étant d'une compoſition plus ſolide, eſt reſtée ; mais j'en ai ramaſſé un grand nombre, & j'ai remarqué ; 1° que ces excroiſfances ont , à la vérité , la folidité de la mine de fer, mais ne font que foiblement attachées à la furface du grais , de façon que je pouvois facilement les en détacher avec la main. 2° Ces excroiffances ne fe trouvoient que du côté du midi. 3° Par la couleur elles ne pouvoient être regardées que comme des mines de fer par écailles d'un brun foncé. 4° Je n'ai point trouvé que ces excroiffances euffent aucune liaifon avec les veines de mines de fer dont j'ai parlé plus haut. 5° J'ai trouvé que le grais étoit beaucoup plus brun & plus ferrugineux aux endroits où ces excroiffances fe trouvent. Je conjecture de-là que ces excroiffances ont pû être formées par la chaleur du foleil, qui en donnant pendant une grande partie de la journée fur ce côté, a pû attirer le fer répandu dans la montagne , & le raffembler ainfi pour former de petites maffes , & pour leur donner une efpéce de maturation.

Tous les environs font remplis de mines de fer, & j'en ai trouvé une qui ressembloit parfaitement à une rose à cent feuilles ; elle étoit ronde & feuilletée comme cette fleur ; je la regarde comme un morceau fort curieux.

Près d'une des portes de la ville on trouve des morceaux d'un grais rempli d'une infinité de cames ; la plûpart de ces coquilles ont encore leurs écailles naturelles ; mais je ne pus sçavoir d'où ce grais avoit été apporté. Dans une carriere de pierres à chaux j'ai trouvé des empreintes de coquilles, & des vraies coquilles pétrifiées, qui sont, pour la plûpart, des *pectunculi*, *chamæ læves & rugosæ*, & même une corne d'Ammon, &c.

V.

EXTRAIT d'un Mémoire sur les Marbres de Blankenbourg & de Langenstein.

CE Marbre se trouve près de Huttenrode , endroit où il y a beaucoup de mines de fer qui s'exploitent dans des forges du voisinage : ces mines sont remarquables par les turbinites , &c. & autres coquilles dont elles sont remplies , & qui servent de *castine* ou de fondant dans le traitement de la mine. En 1742, en fouillant on trouva aussi dans ces cantons quelques morceaux de cinnabre , mais on n'a pû suivre cette découverte, attendu qu'on n'en trouvoit point assez pour se dédommager des frais de l'exploitation.

Le terrein qui est entre Huttenrode & les carrieres de marbre , est rempli de mine de fer ; on la trouve précisément au-dessous de la terre végétale ; pour la tirer on ne fait que former des trous , que l'on garnit

fimplement d'ofier tiffu , pour empêcher que ces trous ne fe comblent
par l'éboulement des terres.

Quand on a traverfé ce terrein pendant environ une lieue , on arrive
à une montagne couverte de pins &
de fapins ; on y rencontre déja des
blocs de marbre ; c'eft de l'autre côté
de la montagne , que l'on nomme
Krockftein , que font les carrieres
dont je me propofe de parler ; cette
montagne n'eft compofée que de
marbre , & on le trouve par fragmens immédiatement au-deffous de
la premiere couche de la terre ; plus
bas tout eft d'un marbre compact &
folide , à l'exception de quelques veines d'une pierre étrangere qui viennent le traverfer. Le marbre continue ainfi jufqu'à une profondeur confidérable , & même je ferois tenté de
croire que plus il s'enfonce , plus il
eft beau. On le détache au moyen de
la poudre à canon. Il y a une carriere de marbre de la même efpéce à
une demi-lieue de-là , excepté que
celui qui s'y trouve eft gris.

Après que ce marbre a été tiré

de la terre , on le scie en tables par le moyen d'un moulin qui fait aller des scies placées & assujetties dans un chassis de bois , qui se meut verticalement , que l'aissieu de la roue du moulin fait mouvoir. On multiplie les scies suivant l'épaisseur que l'on veut donner aux tables de marbre.

Il y a un autre moulin pour tourner le marbre ; c'est un arbre placé perpendiculairement , qui est mis en mouvement par une roue , & qui fait marcher 12 à 16 machines tranchantes , au-dessous desquelles sont assujettis les morceaux de marbre qu'on veut creuser & qu'on veut arrondir. Au moyen de cette machine on fait aussi des tabatieres & d'autres ouvrages délicats , qui sans cela coûteroient beaucoup pour la main-d'œuvre. Les ouvriers font un mystère de la maniere dont ils polissent ces ouvrages quand ils ont été dégrossis. A l'égard des tables , ils se servent d'abord de sable , ensuite de pierre-ponce , enfin de charbon pilé pour les polir. Voici les différentes

efpéces de marbre que j'ai eu occafion de voir en cet endroit.

1. Du marbre noir, avec des raies
étroites & circulaires de couleur
blanche.

2. Marbre noir avec des taches vertes & blanchâtres très-irrégulieres,
dans lefquelles on voit des empreintes de coraux & d'entrochites.

3. Marbre noir avec des veines blanches, remplies de taches d'un
rouge brun.

4. Autre femblable, où les taches
font d'un rouge plus vif.

5. Autre femblable, où les taches
font d'un brun plus foncé.

6. Marbre noir moucheté de blanc.

7. Marbre gris avec des taches blanches, d'un brun rouge, d'un rouge
vif.

8. Marbre d'un gris rougeâtre avec
des taches d'un brun rouge foncé
& couleur de chair.

9. Marbre gris rempli de petits
points blancs & noirs.

10. Marbre d'un beau brun rouge,
avec des taches blanches & rouges,

& remplies de coraux & d'entrochites.

11. Marbre femblable avec des taches d'un verd pâle & fans pétrifications.

12. Marbre femblable avec des taches Calcédonieufes & d'un verd
très-vif.

13. Marbre femblable avec des taches vertes , verd de mer , blanchâtres & brunes.

14. Marbre d'un rouge pâle, rempli
comme de nuages rougeâtres.

15. Marbre verdâtre avec des taches
rouges , blanches & brunes.

16. Marbre verdâtre avec des tàches
légeres d'un brun rouge.

17. Marbre brun avec de petites taches blanches , vertes, brunes fon-
cées , & avec des veftiges de coraux & d'entrochites.

18. Marbre verd avec des taches
rouges, rougeâtres, blanches, vertes & brunes rouges.

19. Marbre gris verdâtre avec de
grands coraux & des entrochites,
& des taches rouges , blanches &
brunes.

Ceux qui regardent les pétrifications comme des jeux de la nature,
peuvent se détromper à la vûe d'un
morceau de ce marbre, d'où sort encore un fragment de corail dont la
pierre qui l'environnoit s'est détachée. Les ouvriers disent que souvent ils trouvent d'autres coquilles
dans ce marbre, & je crois qu'on
peut leur attribuer les différentes
couleurs qu'on y remarque.

A une lieue de Halberstadt est
un village nommé *Langenstein*, près
duquel on a découvert depuis quelques années une carriere de marbre.
Elle est au haut d'une montagne dont
la pente est douce; au-dessus du marbre est une pierre brisée & par fragmens, qui est elle-même recouverte d'une terre mêlée de glaise,
qui peut avoir deux à trois pieds
d'épaisseur. Le marbre est en une
masse au-dessous de ces deux couches, de maniere cependant qu'il
est coupé par des fentes obliques
qui partagent cette masse comme par
couches, qui varient pour l'épaisseur.

Ce

Ce marbre eſt tendre, ainſi on n'a pas beſoin de poudre à canon pour le détacher ; on ſe ſert pour cela de pics & de leviers. Mais on a trouvé que le marbre étoit plus dur à meſure qu'il eſt plus avant en terre, & l'on a été obligé de recourir à la poudre pour le détacher ; ſa couleur y étoit auſſi beaucoup plus belle.

Il y a dans ce marbre des échinites ou des ourſins pétrifiés, & des gloſſopetres, ce qui eſt pourtant aſſez rare ; mais comme il eſt fort tendre, ces pétrifications s'en détachent aiſément. Voici les différentes eſpéces de marbre qui ſe trouvent à Langenſtein.

1. Du marbre entiérement blanc.

2. Marbre d'un verd clair.

3. Marbre blanc avec des taches d'un rouge pâle.

4. Marbre blanc avec des taches d'un rouge brun très-vif, ſemblable à celui de Naples.

5. Marbre blanc avec de grandes taches d'un jaune vif & rougeâtre & des veines verdâtres.

<table>
<tr><td>Tome I.</td><td>Q</td></tr>
</table>

VI.

DESCRIPTION *d'une roche qui s'est changée en une mine riche en Cuivre.*

PLUSIEURS Naturalistes ont regardé comme une chose très-difficile d'expliquer la maniere dont les mines se forment dans le sein de la terre, & dans les fentes qui se trouvent à son intérieur. Cependant la Nature dans ses atteliers, & l'Art dans le traitement de plusieurs métaux, nous montrent des phénomenes propres à faire découvrir la maniere dont cette formation s'opere ; lorsqu'ils sont dus à l'Art, c'est ordinairement un pur hazard qui nous conduit à des découvertes qu'il eût été impossible de se promettre. La Nature sçait nous rendre précieuses les pierres les plus communes, en leur joignant des métaux ; l'Art peut produire le même effet, comme nous allons le voir par l'exemple que je vais rapporter ; il nous fournira quelques réflexions fur la formation des métaux.

A Freyberg en Mifnie, on a toujours été dans l'ufage de garnir le fol des fourneaux où l'on grille les mines, avec une pierre que l'on nomme *Gemſſ*, qui fe trouve ordinairement au-deſſous de l'*humus* ou de la terre végétale. Cette pierre eſt aſſez compacte, & forme communément une couche fuivie fous le gazon, c'eſt pourquoi elle n'eſt jamais métallique. La folidité de cette pierre & la propriété qu'elle a de réſiſter pendant très-longtems à la violence du feu & aux impreſſions de l'air ont été caufe qu'on s'en fervoit pour faire le fol des fourneaux ou emplacemens deſtinés à griller les mines ; on y grille des mines qui font pour l'ordinaire arfénicales & fulphureuſes, & qui par conféquent lorſqu'on les traite au fourneau de fufion, font rapaces & volatiles, telles font les mines d'argent rouges, blanches , &c. C'eſt dans ces mêmes endroits que l'on

fait griller les pyrites, afin d'en dégager la grande quantité de foufre &
d'arfénic dont elles abondent, & les
difpofer à donner plus aifément dans
la fonte, la partie métallique qu'elles
contiennent. On voit par-là que ce
fol des fourneaux de grillage doit
éprouver continuellement une chaleur très-confidérable : il n'eft donc
point furprenant qu'on foit obligé
de le renouveller au bout d'un certain tems. A cette occafion M. Hofmann, Greffier du Confeil & Intendant des mines de cet endroit, homme très-verfé dans la Minéralogie,
a découvert que cette pierre étoit devenue métallique, en un mot, s'étoit
changée en une mine très-abondante
en cuivre, & qui par les effais, fe
trouva contenir une portion confidérable de ce métal.

On ne trouvera point à redire que
je me ferve du mot de *mine* pour dé-
figner cette fubftance, à moins qu'on
n'eût le préjugé de croire qu'il ne
doit s'appliquer qu'aux pierres que la
Nature a remplies de parties métalliques dans le fein de la terre. Je

regarde une mine comme une pierre qui a été pénétrée par un ou par plusieurs métaux, qui se sont combinés intimement avec elle, & qui ne peuvent plus en être séparés que par une très-grande force ; soit que cette combinaison ait été faite par la Nature, dans le sein de la terre, soit qu'elle ait été faite par l'Art, comme dans l'exemple dont il s'agit ici. En effet, qu'est-ce qui nous empêcheroit de croire que la Chymie ne soit en état de produire comme la Nature, sinon toutes les mines, du moins un grand nombre d'entre-elles ? En effet, si nous réfléchissons à la formation des métaux, nous trouvons qu'elle est dûe dans la Nature à un corps fluide, soit que ce soit une liqueur, soit que ce soit de l'air chargé de particules métalliques, ou ce qu'on nomme *Moufettes* dans le langage des mines. La Nature fait circuler ces deux fluides dans les fentes qui sont dans le sein de la terre, & lorsqu'ils rencontrent une pierre disposée à les recevoir, ils la pénetrent & y déposent le métal qu'ils contiennent. Je n'entreprendrai point de déterminer ici précisément la maniere dont cela se fait ; cela doit varier en raison du plus ou du moins de densité. Dans quelques pierres cela s'opere par une espece de filtration, lorsque ces pierres ne sont point d'un tissu trop compact, telles sont le grais, le spath, le talc, les incrustations, &c: comme ces substances ont des pores ou ouvertures assez grandes, les eaux souterreines & les exhalaisons minérales n'ont point de peine à les pénétrer & à y déposer le métal dont elles sont chargées. Quelques pierres qui sont d'un tissu plus serré, ont plus de peine à se laisser pénétrer, telles sont la pierre cornée, la blende, les mines elles-mêmes, c'est-à-dire, les pierres qui sont chargées de particules métalliques qui ont déja bouché ses pores ; c'est ainsi que nous voyons qu'une mine d'argent rouge qui est déja très-chargée de métal qui fait presque la moitié de la masse, a des pyrites à sa surface & même de la mine de cuivre, quoiqu'elle soit très-denſe à ſon intérieur : de quelque maniere que la formation des métaux s'opere, ſoit que ce ſoit par la filtration des eaux qui charrient des particules métalliques, ſoit par les moufettes & exhalaiſons minérales & métalliques, il faut, 1° que la pierre ſoit elle-même diſpoſée à la conception des métaux, ou qu'elle ſoit préparée pour cela. 2° Il faut que le métal ſoit aſſez diſſout & atténué pour pouvoir être porté dans la pierre par ces fluides. 3° Il faut que la pierre & le métal puiſſent être ſéparés l'un de l'autre lorſqu'on employera les moyens convenables.

J'ai dit qu'il falloit que la pierre fût diſpoſée à recevoir le métal. On ne peut point dire qu'il y ait dans la Nature des pierres particulieres qui, excluſivement à toutes les autres, ſoient préparées de façon à recevoir les métaux ; cela ſeroit contraire à l'expérience. Cependant on ne peut point non plus nier que les unes n'y ſoient plus propres que les autres ; mais on demandera d'où vient cette diſpoſition plus ou moins grande ;

à cela je réponds qu'elle vient, soit des substances qui entrent dans la composition de ces pierres, soit des métaux eux-mêmes qui y sont portés. Nous trouvons que les pierres les plus disposées à recevoir les métaux sont celles qui sont composées d'une terre simple & pure ; en effet, plus les terres sont simples, plus elles sont atténuées, & plus les fluides chargés de parties métalliques sont propres à y pénétrer. Une chose qui facilite encore cette formation, c'est lorsque les pierres ne sont ni trop compactes ni trop tendres. Les premieres ne permettent point aux métaux d'en-trer ; les dernieres les y laissent entie-rement passer, & elles n'en retiennent que peu de chose. Cela fait que je se-rois tenté de croire que les métaux qui se trouvent dans les pierres cornées, c'est-à-dire, qui sont de la nature du Jaspe, & dans d'autres pierres très-fer-rées , y sont entrés dans un tems où ces pierres n'avoient point ac-quis la dureté qu'elles ont présen-tement ; ou bien on ne trouve les métaux que légerement attachés à leur surface , ce qui prouve que la

Nature a cherché à y entrer sans pouvoir trouver de paffage à caufe de
la dureté de ces pierres. Nous pouvons préfumer que la même chofe eft
arrivée aux *fluors* ou cryftallifations de
différentes couleurs qui font redeva-
bles de ces couleurs aux métaux qui
les ont pénétrés. On pourroit croire
que par ce qui vient d'être dit, je
prétens que toutes les pierres dures
ne peuvent devenir des mines : je
vais donc m'expliquer plus clairement. Ces pierres font par elles-mêmes peu propres à cet ufage ; mais
elles peuvent devenir des mines ou
être rendues telles ; c'eft pour cette
raifon que j'ai dit plus haut à deffein
que les métaux font pour quelque
chofe dans cette formation ; en effet,
ils varient confidérablement pour
leur mixtion fondamentale ; mais il
n'eft point de mon fujet de les examiner ici, attendu que cela eft du
reffort de la Chymie : je crois donc
que pour prouver ce que j'ai avancé,
il fuffira de dire que plus les métaux
contiennent de fel acide, plus ils font
propres à pénétrer dans les pierres de

Q v

toute efpece. Cela eft aifé à concevoir; en effet, l'acide attaque les parties terreufes, il les écarte les unes des autres,& élargit leurs pores, il s'y attache fortement, avec la feule différence qu'il agit plus fortement, plus promptement & plus efficacement fur les unes que fur les autres. On fentira aifément par-là que le cuivre & le fer font les métaux les plus propres à pénétrer dans les pierres, attendu qu'ils contiennent plus de vitriol. Voilà pourquoi l'on trouve ces deux efpéces de métaux communément dans les pierres les plus dures ; & dans de certains cas ils contribuent encore à rendre la pierre elle-même plus dure qu'elle ne feroit par elle même. L'argent fe trouve pour l'ordinaire dans des pierres plus tendres, & lorfqu'on trouve de la pierre cornée avec de l'argent, ce métal n'y eft que répandu en molécules très-petites, ou attaché à la furface. Le plomb & l'étain affectionnent les pierres médiocrement dures, parce que l'argent, le plomb & l'étain contiennent moins de cet acide.

Ce qui vient d'être dit fera connoître pourquoi & de quelle maniere la pierre dont il s'agit a pu devenir si chargée de cuivre, sur-tout si on veut se rappeller ce que j'ai dit plus haut, qu'il falloit que les métaux fussent dissous & atténués pour pouvoir pénétrer dans la pierre. Cela peut arriver de bien des manieres. La Nature dissout les métaux par la voie humide ou par la voie seche ; elle se sert de la premiere voie, lorsque les eaux souterreines dissolvent sur-tout les mines pyriteuses, & entraînent leur sel vitriolique & leur terre métallique atténuée. Ce sel acide ainsi entraîné attaque les pierres, comme nous l'avons dit, & y dépose peu-à-peu sa partie métallique. Mais lorsque la Nature préfere de se servir de la voie seche, l'air qui est renfermé sous terre fait que les mines pyriteuses & arsénicales se décomposent : lorsque ces mines sont divisées & atténuées, elles s'élevent comme par une espéce de sublimation, & elles agissent sur la pierre de la même maniere que les eaux chargées

de particules minérales & métalliques, c'eſt-à-dire, qu'elles attaquent
ſes parties terreuſes & y dépoſent le
métal qu'elles contiennent.

La pierre dont nous parlons s'eſt
changée en mine de la même maniere.
Le ſoufre qui s'eſt dégagé des pyrites
pendant qu'on les grilloit, a agi ſur
les parties terreuſes de la pierre; peu-
à-peu il en a élargi les pores, & par-là
il a ouvert l'entrée au cuivre. Ce qui
prouve que ce cuivre n'eſt pas ſeulement attaché à la ſurface extérieure de
cette pierre, & que le vitriol eſt la
cauſe qui coopere à la formation de
cette mine, c'eſt la couleur & le
goût de cette mine nouvellement
formée; en effet, ſa couleur eſt ſemblable à celle du plus beau vitriol
bleu, & ſon goût eſt le même que
celui de ce vitriol: en un mot,
c'eſt le vitriol dont l'acide a agi ſur
cette pierre & en a fait une mine.
Voici une expérience qui ſervira à
prouver ce que j'avance. En mêlant
partie égale de mercure ſublimé &
d'une chaux métallique qui n'ait
point été précipitée par des ſels,
quoique cela ne pût pourtant pas

nuire ; fi on met ce mélange en digeftion pendant quelques jours dans
une cornue de verre à un feu de
fable très-doux, & qu'au bout de ce
tems on donne un feu affez fort pour
faire paffer le mercure à la diftillation ; il reftera à la fin de l'opération
une maffe d'une couleur obfcure, qui
fe fond à la flamme d'une bougie, &
qui fe réfout très-promptement en
liqueur à l'air. Si on pulvérife grof-
fiérement de la blende, & qu'on
verfe par-deffus cette liqueur qui s'eft
formée à l'air, en mettant le tout en
digeftion à feu doux pendant quelques jours, & donnant enfuite par
degrés un feu plus fort, la liqueur
pénétrera à la fin dans la blende & y
fera entrer en même tems la chaux
métallique, & on pourra enfuite l'en
tirer plus aifément par la fufion, qu'on
ne feroit d'une autre efpece de mine.
Par cette expérience on n'obtient
point plus d'or ni d'argent qu'on
n'en avoit fait entrer dans le mêlange ; mais il prouve d'autant mieux la
minéralifation & la métallifation des
pierres. Pour cette expérience il ne

s'agit que de bien obferver le degré du feu.

Nous voyons donc que pour la formation des mines, tant par la voie feche que par la voie humide; il faut un acide parfaitement atténué; il n'eft point indifpenfablement néceffaire que cet acide foit purement vitriolique, un acide arfénical eft auffi en état de difpofer les métaux à pouvoir pénétrer dans la pierre, & nous obfervons que cet acide eft celui qui aide fur-tout à minéralifer les métaux parfaits. L'expérience dont Henckel parle dans fes Opufcules Minéralogiques, qui confifte à joindre enfemble de la craie & de l'arfénic, & qui, contre toute efpérance, donne de l'argent, peut nous convaincre de cette vérité. Que dirons-nous des huiles arfénicales dont Ifaac le Hollandois & d'autres Chymiftes parlent avec tant d'éloges ? Peut-être que l'arfénic qui eft contenu dans les pyrites, a pu contribuer auffi à la minéralifation de la pierre dont nous parlons. Quoi qu'il en foit, nous voyons que l'acide do-

mine dans le regne minéral, il agit
fur toutes les fubftances qui s'y trouvent ; il contribue à la formation des
métaux, puifqu'il en conflitue une
partie ; il aide à difpofer les matrices
à la génération des métaux, & enfuite il facilite auffi le dégagement
des métaux d'avec la pierre qui les
environne ; car la Nature a arrangé
les chofes de maniere que les matrices peuvent retenir les métaux pendant quelque tems, & enfuite les
laiffer fe dégager quand on les traite
convenablement, attendu que par-là
l'acide eft remis en action ; alors il
décompofe & diffout les terres qui
étoient combinées avec le métal, &
celles qu'il ne peut diffoudre fe vitrifient & fe changent en fcories. Ces
particules terreufes font très-déliées
& beaucoup plus legeres que les parties métalliques qui fe dégagent par
leur pefanteur fpécifique, c'eft-là le
fondement de toute la Métallurgie ;
c'eft-là la bafe du travail à dégroffir,
ou des premiers travaux fur les mines;
& nous voyons que lorfque cet acide ne trouve point de terre qui foit

propre à concevoir un métal, les eaux qui contiennent du cuivre sur-tout, restent liquides, ou si elles s'évaporent elles prennent la forme d'un sel qui est du vitriol véritable.

Il faut maintenant faire voir le rapport qui se trouve entre cette formation des mines & la roche changée en mine dont nous parlons. Par le feu du grillage, les pyrites cuivreuses ont été décomposées, une partie de leur acide a été dissipée, & une partie a été portée sur cette pierre; il s'y est amassé peu-à-peu en grande abondance, & il l'a disposée à recevoir le métal.

On voit par ce qui précede quelle route il faut suivre lorsqu'on veut imiter par l'art les opérations de la Nature, & lorsqu'on veut produire des mines artificielles; en effet, il y a de la différence entre donner le coup d'œil extérieur & produire la chose même. Il n'est pas fort difficile de donner le coup d'œil extérieur; mais pour réussir dans l'autre point il faut une connoissance exacte des principes qui entrent dans la composition des métaux. Les Observations qui ont été rapportées peuvent nous apprendre la raison pourquoi le *gemss* ou la roche qui se trouve immédiatement au-dessous de la terre végétale est si rarement métallique : c'est parce qu'il lui manque le degré de chaleur que celle dont il s'agit a eu dans les fourneaux à griller, pour écarter & dilater ses parties de maniere que le métal puisse s'y loger. Ce degré de chaleur ne se trouve point sous terre, voilà pourquoi le métal n'y peut point pénétrer. Outre cela les exhalaisons minérales & métalliques ne montent point communément assez près de la surface de la terre pour pouvoir pénétrer & imprégner la pierre qui se trouve précisément au-dessus : lorsque cela arrive par hazard, les métaux se montrent sous la forme qui leur est propre, c'est-à-dire, sous celle de métaux vierges ou natifs.

On feroit peut-être très-bien de faire des expériences semblables avec différens métaux, & d'employer différens dégrés de feu pour traiter des pierres qui font décriées comme n'étant point propres à fervir de minieres ou de matrices aux métaux. Peut-être découvriroit-t-on par-là la raifon pourquoi des pierres font plus difpofées à recevoir certains métaux & à n'en point admettre d'autres. Si la chofe ne réufliffoit pas par la voie feche, on pourroit employer la voie humide & fé fervir pour cela de certaines folutions falines ou de macérations. Cela nous apprendroit à préparer les mines avec plus de fuccès; je fçais que ces fortes de travaux ne réuffiffent pas toujours en grand; mais peut-être que par-là on découvriroit qu'il y a dans le fein de la terre des fondans qui faciliteroient beaucoup les travaux de la Métallurgie.

Si mes Obfervations ont le bonheur de plaire, je pourrai me déterminer à donner par la fuite quelques idées fur la minéralifation artificielle des métaux. * C'eft un point très-in-

* L'Auteur a fatisfait à cette promeffe dans l'Ouvrage fur la *Formation des Métaux*, &c, qui fe trouve dans le fecond volume.

téreffant pour l'Hiftoire Naturelle, la Minéralogie & la Métallurgie. Il ne faut pour cela que faire attention à ce qui fe paffe dans les atteliers de la Nature, & à la façon dont elle combine les corps; après cela il ne fera point difficile de fuivre fes traces, & de faire paffer en démonftration des opérations que l'on regardoit auparavant comme des myfteres impénétrables.

VII.

EXAMEN de la question: *Si les Mines se forment ou croissent encore journellement dans le sein de la Terre ?**

CETTE question paroîtra peut-être inutile à plusieurs personnes : elle le seroit en effet s'il ne se trouvoit pas tous les jours des gens assez simples peut croire que toutes les substances que nous tirons actuellement du sein de la terre, étoient il y a plusieurs milliers d'années dans le même état où nous les trouvons aujourd'hui. Je crois donc que l'on ne peut apporter trop de raisons pour appuyer une vérité Physique, tant qu'il se trouve des hommes qui s'efforcent de la contredire. Mais avant que d'en venir aux preuves, je vais

* Ce Mémoire est tiré du Journal qui a pour titre, *Amusemens Physiques*, Tom. II. pag. 422. & suiv.

expliquer ce que j'entends par *croî-*
tre ou *se former*. Croître, dans le
regne végétal, aussi-bien que dans le
regne animal, c'est s'étendre, s'augmenter & s'aggrandir. Il faut donc
que les corps qui sont susceptibles
de croissance soient déja existans,
quoiqu'en molécules très - déliées.
On voit par-là que je mets de la diffé-
ce entre *croître* ou *se former* & être
produit ; un corps est produit lorsque
ses élémens ou parties primitives se
réunissent, & lorsque ce n'est qu'a-
près leur réunion qu'ils présentent
le corps qui résulte ensuite par la
croissance. Par la différence que je
viens de mettre entre *croître* ou *se*
produire, on sentira qu'à proprement
parler il ne se fait plus de production
dans la Nature : en effet, tout ce que
nous prenons pour des productions
nouvelles dans les trois regnes de la
Nature, sont plutôt des aggrégations
qui étoient déja en petit, ce qu'elles
sont en grand après avoir pris de la
croissance. Si nous considérons la génération des animaux, l'Anatomie
nous a déja fait connoître depuis

longtems que l'animal qui doit naître
est déja dans les œufs contenus dans
l'ovaire de la femelle. Si l'on examine
le germe dans la graine d'une plante,
le microscope nous y montre, quoiqu'en petit, la figure complette de la
tige & des feuilles que cette graine
doit former. Ainsi ces deux regnes
contiennent la semence nécessaire
pour leur propagation, & cette semence a déja en petit la figure qu'elle
nous montre en grand lorsqu'elle a pris
de l'accroissement. Personne ne doute
de la vérité de ces principes, & l'on
n'a jamais nié que ces deux regnes
n'eussent la faculté de se multiplier
ou de se propager. Le regne minéral
est donc le seul à qui on ait disputé
la faculté de s'accroître ; on s'est fondé sur ce qu'on ne voit point ce qui
pourroit y faire la fonction de l'em-
bryon ; mais de ce que les substances
de ce regne ne se propagent point
commé celles des autres, faut-il en
conclure qu'il n'ait point la faculté
de se multiplier, & que tout ce que
nous y trouvons a été créé dès le
commencement, & est demeuré dans

le même état jufqu'à ce que l'art des
hommes lui ait fait prendre une forme
nouvelle ? de telles idées font contrai-
res à la raifon & à la vraifemblance,
elles ne font fondées que fur des préjugés, & il fuffit d'obferver la Nature
pour s'en défabufer.

Avant que de parler des mines
nous allons commencer par examiner les pierres. Il fuffit de jetter les
yeux fur les fouterreins pour fe convaincre que les pierres fe forment &
prennent journellement de l'accroiffement. Je ne parlerai point ici des
incruftations , des ftalactites, des
tufs , &c , je citerai l'exemple du
quartz & de fes cryftallifations. Les
ouvriers des mines , fur-tout dans le
Hartz, fçavent que lorfqu'on vient à
r'ouvrir plufieurs mines dont le travail avoit été abandonné depuis
plufieurs fiécles , on y rencontre
une grande quantité de ces cryftallifations, & que leur formation eft
dûe à une terre fubtile qui a été
diffoute & délayée par les eaux fouterreines. Ces eaux ont peu-à-peu
dépofé les terres dont elles étoient

furchargées; peu-à-peu ces terres fe
font durcies & ont pris la confiftence des pierres. Cette preuve me paroît indubitable, cependant elle n'eft
point la feule. Examinons les pétrifications dont il y a une quantité pro-
digieufe; nous voyons parmi elles
des fubftances du regne végétal &
du regne animal, qui ont perdu leur
premier état pour prendre celui d'u-
ne vraie pierre, en confervant feulement leur figure primitive. Je n'ignore pas qu'il y a des gens qui ne regardent ces pétrifications que comme
des empreintes des corps de ces deux
regnes qui fe font faites fur une terre
déliée & molle dans laquelle ils ont
été enfevelis; mais quoi qu'il en foit
de ce fentiment, il en réfulte toujours que ce qui eft actuellement une
pierre étoit antérieurement une terre
molle & déliée, qui peu-à-peu a
acquis la dureté & la confiftence
d'une pierre. Cependant on peut
prouver d'une maniere inconteftable
qu'il y a des corps qui fe changent
réellement en pierre; il fuffit pour
cela de montrer à ceux qui voudroient

droient en douter, du bois, des offemens, des coquilles, qui dans quelques endroits font déja devenus pierres, & qui dans d'autres font encore ce qu'ils étoient originairement fans nulle altération. Sans une envie marquée de contredire, M. Bertrand ne fe feroit point avifé de vouloir faire paffer toutes les pétrifications pour des jeux de la nature, comme il a fait depuis peu (dans un Ouvrage qui a pour titre, *Mémoires fur la ftructure intérieure de la terre*). Il fuffit de dire que ces chofes prouvent fuffifamment qu'il fe forme journellement des pierres. Si des opérations de la nature nous paffons à celles de l'art, nous avons une preuve de ce qui vient d'être dit dans les petites pierres qui fe forment dans l'urine, dont Henckel parle dans fes *Opufcules minéralogiques*. Je ne m'arrête point à rapporter beaucoup d'autres expériences chymiques. Je ne parlerai point à préfent de la formation du fpath ou de la pierre à chaux ; ce qui a été dit fuffit pour prouver la formation des pierres. Il

Tome I.   R

s'agit donc maintenant d'examiner fi les pierres qui renferment des métaux, & que l'on nomme *mines ou minerais*, fe forment auffi journellement. J'avoue que jamais je n'aurois imaginé qu'il fe trouvât des perfonnes, même parmi celles qui s'appliquent dès l'enfance aux travaux des mines, qui puffent douter de ces vérités ; mais il me femble que leur erreur vient de ce qu'ils confondent les mots de *croître*, ou *fe former*, ou de *fe produire*. A proprement parler, les métaux ne font plus produits, puifque tout ce que nous voyons de leur formation, n'eft qu'une aggrégation, ou une réunion de petites molécules d'un métal déja parfaites dans leur efpéce. Suivant la définition que j'ai donnée en commençant, on voit que cette aggrégation eft ce qu'on entend par le mot de *croiffance* ou de *formation*. Je foufcris donc au fentiment d'un Poëte Latin qui a dit :

Inque brevi fpatio, quæ funt effoffa, reponit,
Tempus inexhaufti fervans alimenta metalli.

Je ne disconviens point que ces molécules métalliques sont souvent si fines & si déliées, qu'elles ne peuvent tomber sous nos sens ; c'est ainsi qu'une eau de source, quoique claire & limpide, peut pourtant contenir une terre, qui peut devenir visible, soit en dégageant l'eau superflue, soit en la séparant de cette eau. Il en est de même des petites molécules métalliques, elles existent déja, & elles sont contenues, soit dans les exhalaisons souterreines ou moufettes, soit dans les eaux de l'intérieur de la terre ; ces molécules tombent de l'un ou de l'autre de ces fluides, à cause de leur pesanteur spécifique ; une portion demeure attachée à d'autres corps solides qui sont propres à les recevoir, comme je l'ai prouvé au long dans mon Traité *des Matrices métalliques.* Mais il n'y a point de corps plus propres à les recevoir, que ceux qui appartiennent au même regne que les métaux, c'est-à-dire, que les terres & les pierres. Lorsque ces molécules métalliques rencontrent ces corps,

elles les pénetrent, & s'y logent en
grande ou en petite quantité ; c'eſt
alors qu'une terre, ou une pierre ,
ainſi modifiée prend le nom de *mine*
ou de *minerai*, riche ou pauvre, ſuivant les circonſtances. Dans ce ſens
on ne riſquera rien de dire que les
mines ſe forment ou croiſſent journellement, c'eſt-à-dire, que tous les
jours des terres & des pierres ſont
pénétrées & imprégnées par des petites molécules métalliques. Si on demande d'où viennent ces molécules
métalliques , l'expérience ne nous
met point en état de faire d'autre
réponſe , ſinon que de même que la
nature s'occupe à les amaſſer & à les
raſſembler dans une pierre ou une
terre, elle s'occupe auſſi à les détruire
& à les décompoſer. *Unius deſtruẽio
eſt alterius generatio.* L'effloreſcence
ou la décompoſition, à laquelle quelques mines ſont ſujettes, nous fournit une preuve de cette vérité dont
les Minéralogiſtes ſont témoins plus
ſouvent qu'ils ne voudroient. C'eſt
un principe conſtant que rien ne ſe
perd dans la nature ; ainſi les corps

après leur diſſolution, ou décompoſition, ſe montrent de nouveau, quoique dans des états différens. Je ne prétens point inſinuer par-là que tous les métaux ſoient décompoſés, récompoſés & minéraliſés, ou remis dans l'état de mine, de la même maniere qu'auparavant : je ne dis point non plus qu'ils exigent le même eſpace de tems pour cela, & je dis encore moins que par cette minéraliſation un métal parvienne auſſi promptement qu'un autre à la maturité néceſſaire pour pouvoir être employé dans les uſages ordinaires ; il eſt certain que les métaux different en cela les uns des autres. Commençons par l'or.

Quoique l'or ne ſoit jamais minéraliſé, & quoiqu'il ſe trouve toujours tout formé dans les matrices ou minieres qui lui ſont propres, cependant il ne laiſſe pas de ſubir pluſieurs changemens ; en effet, comme il eſt ſuſceptible d'être diſſous & diviſé en particules très-déliées, auſſi bien que les autres métaux, ſouvent il peut être combiné

de maniere à prendre une forme
très-différente de celle qu'il avoit
auparavant ; le mercure a fur-tout la
propriété de l'attaquer très-promptement ; on fçait avec quelle facilité
cette fubftance s'unit avec l'or ; on
fçait auffi qu'elle a plus ou moins
de difpofition à fe combiner avec
les autres métaux , à l'exception du
fer. S'il arrive que du mercure, qui
s'eft déja chargé d'une portion d'or,
aille encore fe combiner avec un
autre métal , par cet accident cet
autre métal pourra contenir une portion d'or : cela peut contribuer à
nous faire connoître la raifon pour
quoi plufieurs mines de cinnabre
contiennent de l'or. On voit que
dans le cas , dont il s'agit , il s'eft
formé ce qu'on appelle une mine
d'or , quoique l'or & le mercure fuf-
fent déja exiftans ; excepté qu'avant
que cela fe fît , ils n'étoient point
encore combinés.

Nous voyons la même chofe arriver encore plus fouvent pour l'argent ; je ne m'appuyerai point ici
fur l'argent fluide dont parlent Mat-

thefius & Schreiber, qui, felon ces Auteurs, s'eft trouvé dans des fouterreins, & qui avoit la propriété de fe durcir à l'air * ; je ne citerai

* M. Cronftedt rendit compte à l'Académie de Stockholm en 1755 , d'une eau qu'il avoit trouvée dans la mine de Chriftiania à Konigfberg en Norwege. Cette eau découloit par une fente de la roche , & paffoit par-deffus un enduit de fuie qui s'étoit formé fur la pierre , parce qu'on y avoit fait du feu pour attendrir la roche ; cette eau avoit recouvert cette fuie d'une croûte , ou pellicule , d'une couleur de plomb ; elle fut ramaffée avec la fuie , & lorfqu'on en fit l'effai , on trouva que c'étoit de l'argent pur mêlé d'un peu de foufre.

M. Cronftedt ne veut point décider fi cette eau contenoit une matiere propre à diffoudre de l'argent qui s'eft enfuite précipité , ou fi cette eau n'a fait que charier des particules d'argent , ou de la mine d'argent vitreufe qu'elle avoit entraînée en paffant ; mais il préfume que ces molécules , féparées les unes des autres , fe font rapprochées de maniere à pouvoir s'attirer , & que c'eft comme cela que fe font formées les pellicules ou petites feuilles d'argent , dont on a parlé ; c'eft ce qu'on voit arriver au cuivre qui a été précipité : il ajoute que dans la même mine de Konigfberg on a trouvé de la mine d'argent vitreufe en pouffiere déliée, qui

que les mines femblables à de la fuie,
fi riches en argent , que l'on rencontre en grande quantité , & qui
ne font que des produits de riches
mines d'argent , & fur-tout de la
mine d'argent vitreufe & de la mine
d'argent rouge tombée en efflorefcence. Lorfque ces métaux ont été
très-atténués & divifés , ils deviennent propres à fe mêler avec les eaux
fouterreines, qui les charient & vont
les porter fur d'autres terres ou pierres , &c ; & quoiqu'ils foient encore
les mêmes métaux qu'auparavant, ils
fe montrent fous une forme toute
différente de celle qu'ils avoient antérieurement.

Comment niera-t-on après cela
qu'il fe forme tous les jours des mines ? On m'objectera peut-être que
ces terres ou pierres ne font que
des chofes accidentelles , qui ne contribuent en rien au métal ; mais je
répons à cela , que les terres & les

étoit attachée à la furface des cryftallifations , qui intérieurement étoient très-
compactes- *Voyez les Mémoires de l'Académie Royale de Suéde , année* 1755.

pierres ne sont point aussi accidentelles, ou inutiles, que l'on pourroit
se l'imaginer ; en effet, il est important qu'elles soient de nature à rendre visible le métal qui y a été porté.
Il y a plusieurs especes de cobalts
qui contiennent une portion d'argent
assez considérable ; cependant à peine
peut-on en retirer la moitié par la fusion ; si ce métal divisé & atténué eût
été porté par les eaux sur du spath
d'une bonne qualité, ou sur du
quartz, on pourroit certainement
en tirer un plus grand parti. Je suis
en état de prouver d'une façon in-
contestable, qu'il se forme tous les
jours des mines d'argent. Parmi les
morceaux de mines du Hartz que
je possede, il se trouve une concré-
tion ou incrustation brune très-dure,
qui s'est attachée à un des échellons
d'une échelle qui étoit restée dans
un puits d'une mine anciennement
abandonnée. On sçavoit par tradi-
tion que ces souterreins avoient été
abandonnés depuis plus de 200 ans,
& il y a environ 10 ans qu'en for-
mant une gallerie de percement, on

vint à donner dans ce fouterrein, &
l'on trouva de ces incruftations attachées fur plufieurs échellons de bois
qui étoient dans l'eau. Par l'effai,
cette incruftation contenoit 8 marcs
d'argent au quintal. Après un exemple auffi frappant, il faudroit être
bien entêté de fes préjugés, pour re-
fufer de croire la formation journaliere des mines : fi l'on prétendoit
que cette mine étoit déja toute prête,
& que les eaux l'avoient ainfi entraînée, je ferois en droit de demander
comment il eût été poffible qu'un
corps folide, tel qu'étoit cette mine,
s'attachât fi promptement autour
d'un échellon. Mais il ne faut point
s'arrêter à des objections fi puériles.

La mine de cuivre a auffi la faculté de croître ou de fe former. Pour
s'en couvaincre on n'a qu'à jetter les
yeux fur le verd & le bleu de montagne, & fur la mine de cuivre fati-
née ou foyeufe. Ces fubftances font-
elles autre chofe que des mines nouvelles, formées récemment par la
décompofition d'autres mines ? J'ai
rapporté de mon dernier voyage au

Hartz un morceau qui m'a paru très-curieux ; c'eſt du cuivre natif très-compact, très-pur & très-ductile, qui forme comme une eſpéce de buiſſon, il eſt placé ſur un morceau de mine de plomb à grands cubes , & il eſt entiérement recouvert d'une couleur d'un très-beau verd ; je ſuis convaincu que c'étoit au commencement un morceau de cuivre pur , qui ayant ſéjourné dans un endroit plein d'eau , s'eſt revêtu d'un enduit , ou de verd-de-gris. Tant que l'on mettra les chryſocoles au rang des mines de cuivre , on ſera en droit de dire que cette eſpéce de mine de cuivre a été formée par la diſſolution du du cuivre vierge. Swedenborg fait mention d'un morceau de mine tout ſemblable , dans ſes *Opera mineral. de cupro , pag.* 409 ; il dit que *dans le cabinet de M. Spener on voit un très-beau morceau de cuivre natif, d'une couleur verte , & qui a la figure d'un arbriſſeau , il vient de Moravie.* Quand on dit que les mines de cuivre bleues, ou couleur d'azur, ne ſont point fort riches, n'inſinue-t-on point

par-là qu’elles ont déja souffert une
décompofition, par laquelle une portion du métal a été diſſoute , & eſt
reſtée à la ſurface extérieure & dans
les gerſûres de la roche , d’où elle
peut être entiérement emportée par
les eaux. Ceux qui perſiſtent à douter de la formation des mines , au-
ront-ils quelque choſe à me répondre , ſi je leur demande : Quand la
pyrite cuivreuſe eſt-elle venue s’attacher ſur les poiſſons & ſur les plantes , dont on trouve les empreintes
dans de certaines ardoiſes ? Il eſt
très-ſûr que l’ardoiſe étoit originairement une argile mollle & liquide ;
on ſçait auſſi que ce n’eſt que par
accident que les poiſſons & les plantes ont été portés dans cette argille ;
le coup d’œil ſuffit pour prouver que
ces corps y ont laiſſé leurs empreintes , & c’eſt par-deſſus ces empreintes que par la ſuite la mine de cuivre
s’eſt attachée. Cela ne prouve-t-il
pas d’une maniere indubitable que les
mines ſe forment encore tous les
jours.

Les mines d’étain ordinaires ſe for-

ment encore actuellement. En effet,
fi l'on fait attention à ce dont elles
font proprement compofées, le coup
d'œil fuffit pour prouver qu'elles
font formées par un amas de petits
cryftaux d'étain, qui font répandus
tantôt dans une roche talqueufe, tantôt dans de la pyrite blanche, tantôt
dans une pierre argilleufe, & fouvent
dans des roches d'une autre nature.
Comme fouvent on trouve des cryftaux d'étain tout purs & ifolés, je ne
vois pas pourquoi on pourroit douter que ces cryftaux puffent être en-
vironnés & enveloppés par une terre
liquide, qui en fe liant avec eux nous
préfentent la mine que l'on nomme
zwitter, ou mine d'étain ordinaire,
& qui a un autre coup d'œil que la
mine d'étain en cryftaux détachés,
que les Allemands nomment *zinn-
graupen*.

Quant aux mines de plomb, nous
avons une preuve de leur formation
journaliere dans les mines de plomb
blanches & vertes cryftallifées : nous
fçavons que les cryftaux fe forment
tous les jours ; nous fçavons qu'ils

font formés d'une terre fubtile mêlée avec les eaux; nous voyons que ces cryftaux contiennent fouvent diffé-rentes efpéces de métaux dans leur intérieur & à leur furface, cela nous prouve que les cryftallifations ont été formées antérieurement, fans quoi la mine & le métal n'auroient pas pû fe placer par-deffus; par conféquent il faut néceffairement qu'il fe forme journellement des mines femblables, & particuliérement des mines de plomb.

Je fuis actuellement dans un pays où je fuis chargé d'examiner plu-fieurs mines de fer, ce qui m'a fourni l'occafion de faire un grand nom-bre d'obfervations, mais je ne par-lerai que de celles que j'ai faites fur la formation de la mine de fer : comme tout le canton du Hartz, où je me trouve en ce moment, eft rem-pli de mines de fer, on fentira aifé-ment qu'elles ne font point toutes de la même nature. J'en ai trouvé qui étoient mêlées avec de la pierre cornée ; d'autres font une efpéce d'hématite ; d'autres font une héma-

tite tendre & feuilletée, ou par écailles ; d'autres ſont une argille onctueuſe d'un rouge vif, mais qui ſe
durcit à l'air, & j'en ai rencontré une
eſpéce, quoiqu'en très-petite quantité, qui étoit entremêlée d'autres
mines de fer dans de la pierre cornée. C'eſt une eſpéce de cryſtalliſa-
tion d'un rouge de rubis, qui reſſemble parfaitement à la mine d'argent
rouge ; le morceau que je trouvai
m'avoit même induit en erreur, en
me faiſant croire que ç'en étoit ;
mais après l'avoir grillé, je vis que
l'aimant en attiroit beaucoup plus
qu'il ne fait de la mine d'argent
rouge, après qu'elle a été grillée.
Swedenborg dans ſon *Opera mineral.*
de ferro, pag. 289, fait mention d'une
mine de fer de la même nature, qu'il
décrit ainſi : *Minera ferri , cum ru-*
bris micis nitidis quæ per microſco-
pium inſtar rubinorum ſplendent. J'ai
auſſi trouvé de la mine de fer blanche & de couleur iſabelle, ſemblable
à celle qui ſe trouve à Nayla & à
Straſberg.

Mais pour revenir à mon ſujet ;

s'il y a un métal, ou une mine, dont la formation se montre d'une façon sensible à nos yeux, c'est certainement celle du fer. On voit que des terres ferrugineuses, de la sanguine ou hématite, &c., ont été dissoutes par les eaux, & réduites en une substance onctueuse comme du beurre, que les eaux l'ont chariée & portée sur de la roche & sur des pierres qui par-là deviennent des mines. Ce sont aussi ces terres que l'on nomme des *Guhrs ferrugineux* dans les mines de fer. Lorsque ces terres martiales ne peuvent point pénétrer une roche, elles se déposent & forment des incrustations ferrugineuses, telles que celles que j'ai trouvées à Grosschirm en Saxe, dans la mine appellée *Fréderic Auguste :* & celles dont parle le même Swedenborg *de ferro*, pag. 288, où il dit : *Flores martis, qui apparent tanquam cornua cervi, vel instar coralliorum.* Une chose digne d'être examinée, c'est la raison pourquoi les plus riches mines de fer se trouvent communément dans des endroits où il y a beaucoup d'eau.

En second lieu, dans les endroits où l'on rencontre de l'hématite, sur-tout celle qui est d'un rouge vif, pourquoi la trouve-t-on communément entremêlée d'une substance argilleuse, grasse & ferrugineuse, que l'on appelle sans raison *eisen-glimmer* ou *mica ferrugineux*, dans le Hartz ; dans le vrai, ce n'est que de l'hématite décomposée, elle est grasse au toucher, elle rougit les doigts, & les rend luisans ; & on la débite en quelques endroits sous le nom de *braute*, ou de *rouge fin d'Angleterre*. J'ai rencontré cette derniere espéce de substance dans un endroit du Hartz, elle étoit parfaitement délayée dans beaucoup d'eau, & déja elle avoit commencé à pénétrer une pierre verte & feuilletée. Le premier coup d'œil ne me fit point juger favorablement de la bonté de la mine qui se formoit, attendu qu'il m'étoit aisé de présumer que le fer qu'on pouvoit en retirer, devoit être mêlé de cuivre, sur-tout y ayant des mines de cuivre qu'on exploitoit dans le voisinage ; cependant cela

m'a fourni une preuve invincible
qu'une mine peut en pénétrer une
autre, & que de la combinaison de
ces deux mines il peut en résulter
une nouvelle. Si les mines ne se for-
moient plus, quelle seroit l'origine
du bois de chêne, des coquilles,
des ossemens changés en mine de
fer ? J'ai dit plus haut que je ne pré-
tendois point que toutes les mines
eussent besoin du même espace de
tems pour parvenir à maturité, &
ce principe doit sur-tout avoir lieu
pour les mines de fer. L'expérience
journaliere nous apprend que sur-
tout lorsqu'on a tiré de la mine de
fer des marais, il s'y en reforme de
nouvelle ; mais nous voyons en même
tems que le fer que l'on tire de cette
mine nouvellement formée, n'est
pas, à beaucoup près, d'une aussi
bonne qualité que celui qu'on ob-
tenoit de l'ancienne mine qui a long-
tems séjourné sous terre. Une pomme
est déja une pomme dès le mois de
Juillet, quoiqu'elle ne soit mûre qu'en
Octobre ; un enfant nouveau-né est
un homme, quoiqu'il ait besoin de

plufieurs années pour être dans fa perfection:pourquoi refuferions-nous d'accorder au régne minéral du tems pour la croiffance des fubftances qu'il contient ? De plus, un grand nombre de Relations nous apprennent que la mine de fer fe forme de nouveau en plufieurs autres endroits.

Je devrois actuellement parler de la formation journaliere des demi-métaux , mais j'efpere que le Lecteur leur appliquera les preuves que j'ai rapportées ; fi elles ne leur paroiffoient pas fuffifantes , de nouvelles preuves ne ferviroient pas davantage à les convaincre. Je ne parlerai point ici de la formation artificielle de plufieurs mines que la Chymie peut opérer , & je n'en concluerai point que la nature puiffe faire les mêmes chofes que l'art.

Je me flatte d'avoir fuffifamment prouvé que les mines croiffent & fe forment encore tous les jours dans le fein de la terre. Les obfervations que j'ai rapportées , feront fentir en même tems que la plûpart de ces mines font formées d'une matiere

graſſe & viſqueuſe ; on voit donc
que *Kunckel* n'a point tort de regarder une matiere viſqueuſe comme
le germe de toutes les ſubſtances
minérales. Si nous conſidérons la propagation des êtres dans les deux autres regnes de la nature , nous verrons qu'elle s'opere de la même maniere. Je pourrois encore rapporter
ici pluſieurs faits relatifs au même
ſujet , & qui ſeroient ſur-tout propres à prouver la formation ou la
croiſſance de la mine de fer ; mais
j'ai deſſein de réſerver cela pour un
autre tems.

Fin du Tome premier.

TABLE

DES MATIERES

Contenues dans le I^r. Volume.

A

Acide vitriolique, ou arsénical, porte les métaux dans les pierres, page 374 & suiv.

Additions. Voyez *Fondans.*

Aftern, 165.

Aîles, repos pratiqués dans les galleries & les puits, 152.

Aimans, 132.

Air, peut être chargé de parties nuisibles aux hommes, 236 & suiv. Contribue à la décomposition des mines dans la terre, 246 & suiv. Le mauvais air des mines est-il de la même nature que celui de la peste ? 280 & suiv. 291.

Alun, 96. Description d'une de ses mines, 335 & suiv. Sujettes à prendre feu, 338 & suiv. Comment on le tire, 341 & suiv. Moyen d'en séparer le vitriol, 343 & suiv.

Amalgame, comment par son moyen on

tire les métaux de leurs mines, 224 & *suiv.*

Ambre-gris, 99.

Antimoine, ſes mines, 141 & *ſuiv.*

Aphronitrum, en quoi diffère du ſalpêtre, 95.

Ardoiſes, 145.

Argent, ſe trouve très-ſouvent natif, 110. Deſcription de ſes différentes mines, 114 & *ſuiv.* Eſſai de ſes mines, 184 & *ſuiv.* Comment on le brûle, 209. Les vapeurs de toutes ſes mines ſont dangereuſes, 244 & *ſuiv.* Sa mine blanche peut ſe changer en rouge, 248. Croît dans ſes mines ſous pluſieurs formes, 391 & *ſuiv.*

Argille, 89.

Arſénic, 138. Eſſai de ſes mines, 193. Travail en grand, 221. Contribue à infecter l'air des mines, 245 & *ſuiv.* Sçavoir s'il ſe peut prendre intérieurement, 252 & *ſuiv.*

Arb.ſte, 150.

B

*B*AGUETTE divinatoire, inutile pour la découverte des mines, 16 & *ſuiv.*

Beſteg, 33, 54.

Beyer, Auteur des *Otia metallica,* 208.

Biſmuth, 137. Eſſai de ſes mines, 193. Travail en grand, 222.

Blende, 33, 137.

Bleyſack, 183.

Boccard, sa construction, 159 *& suiv.*
Bois, pour l'exploitation des mines, 15.
Borax brut, 97.
Boussole, minéralogique, sa description,
24 *& suiv.*
Boyaux, à quoi servent dans les mines,
47 *& suiv.*
Bures. Voyez *Puits.*

C

CALAMINE, 138.
Carpolites, 152.
Chapeau, ce que c'est dans les mines, 207.
Charbon de terre, 100. Il s'en trouve en
Hesse qui tient de l'argent natif, 119.
Comment on connoît ses mines pendant
l'hyver, 291.
Cinnabre, 136.
Cobalt, ses différentes espéces, 139 *& suiv.*
Corps, peuvent être changés en pierres,
384.
Coupelles, de quoi sont faites, 168. Cons-
truction de la grande, 207 *& suiv.*
Craye, 92.
Crayon, 149.
Cuivre de cémentation, 56.
Cuivre noir, 212.
Cuivre, se trouve souvent natif, 110, Des-
cription de ses mines, 120 *& suiv.* Es-
sai de ses mines, 186 *& suiv.* Travail
en grand, 210 *& suiv.* Sa mine a la
faculté de croître, 394 *& suiv.*
Cul-de-sac, ce que les Mineurs entendent
par-là, 54.

D

DENDRITES, comment se forment, 345 & *suiv.*

Drusen, ce que c'est, 23.

E

EAUX, peuvent indiquer les mines d'un pays, 12 & *suiv.* Leur épuisement des mines, 58 & *suiv.* Doivent être examinées, 311. Contribuent à l'inflammation des volcans, 325 & *suiv.* La raison de leur chaleur dans les bains, 327.

Eaux minérales de Freyenwalde, 331 & *suiv.*

Eclair de la coupelle, quand se fait, 183.

Eisen-glantz, 134.

Eisen-glimmer, mica ferrugineux, 401.

Eisen-mann, 134.

Emeril, 134.

Essai des mines, 167 & *suiv.* Explication des poids que l'on y emploie, 170 & *suiv.* Essai des mines d'or, 180 & *suiv.* Des mines d'argent, 184 & *suiv.* Des mines de cuivre, 186 & *suiv.* Des mines de plomb, 189. Des mines d'étain, *ibid.* & *suiv.* Des mines de fer, 190. Des mines de mercure, 191 & *suiv.* Des mines d'antimoine, de zinc, de bismuth & d'arsénic, 192 & *suiv.*

Etain, ne se trouve presque jamais natif, 111. Ses mines, 124 & *suiv.* Essai de ſes mines, 189 & ſuiv. Travail en grand, 217 & ſuiv. N'eſt point un poiſon, 277. Ses mines ſont ſuſceptibles d'ac-croiſſement, 357.

Exhalaiſons ſouterreines. Voyez *Mouſettes.*

F

FARINE foſſile, ce que c'eſt, 91.
Fentes dans les roches, ſervent à in-diquer les filons, 18 & ſuiv. Quelles ſont celles qui donnent le plus d'eſpé-rance, 22.

Fer, ſe trouve quelquefois natif, 111. Ses mines, 136. Eſſai de ſes mines, 190. Travail en grand, 219 & ſuiv. Ses mi-nes de différentes couleurs, 399. Sont ſuſceptibles d'accroiſſement, 400 & ſuiv.

Fermentation, utile dans la production des corps, 239 & ſuiv. Dans quel cas nui-ſible aux corps, 241.

Feu, moyen d'y remédier lorſqu'il prend dans les mines, 65. Comment on s'en ſert pour détacher les mines, 79 & ſuiv.

Feux folets, 291.

Filons, ce que c'eſt, 18 & ſuiv. Leurs dif-férentes dénominations pour marquer leur ſituation, 25 & ſuiv. Comment on les diviſe en raiſon de leur volume, 29 & ſuiv. La façon de les ſuivre & de les dépouiller, 53 & ſuiv Ce que l'on fait pour en découvrir de nouveaux, 57 & ſuiv. De quelle maniere ſe forment, 107 & ſuiv.

Fondans, ceux dont on se sert dans les essais, 169, 175 & suiv. Dans la fonte en grand, 199 & suiv.

Fossiles, à quelles substances on donne ce nom, 86. Leur division, 88.

Fouille, comment se fait, 73 & suiv.

Fourneaux, leur âtre pénétré par le métal, 263 & suiv.

Freyenwalde, curiosités naturelles qui s'y trouvent, 345 & suiv.

Fundgrube, espéce de mesure, 34.

G

Galene. Voyez *Plomb.*

Galleries, 35.

Gegen-trœmmer, 29.

Gemss, pierre dont on garnit l'âtre des fourneaux, 363. Comment se charge de métal, 371 & suiv.

Géométrie souterreine, Auteurs qui en ont traité, 7.

Geschutte, 28.

Gesencke, 57.

Gilben, ou terres jaunes, tiennent argent, 118.

Glacies Mariæ, dans le voisinage d'une mine d'alun, 336.

Glauch-heerde, 162.

Glimmer. Voyez *Mica.*

Grais, 147. Qui contient de la mine de fer, 351 & suiv.

Grillage des mines, comment se fait, 179, 197 & suiv.

Gueuses, ce que c'est, 220.

Guhrs métalliques, 34, 105. Leurs couleurs annoncent différens métaux, 314.

H

HALBERSTAT, curiosités naturelles des environs, 350 *& suiv.*
Hahnnen cocqs, 209.
Heerd, est un fondant, 201.
Heerdling, mélange d'arsénic, de fer & d'étain, 126.
Hématite, 130.
Hornstadt, 43.

I

IMBIBER, ce que c'est, 185.

K

KAMM, pyrite sulfureuse, 273.
Knauer, roche quartzeuse, 53 *& suiv.*
Kneiss, ce que c'est, 30.
Kupfernickel, 123.

L

LACHETER, espéce de mesure, 34.
Lait de lune, 90.
Lavoir, sa construction & ses usages, 161 *& suiv.*
Lehmann, (Jean-Chrétien) son Traité sur les forets & les boccards, 78 *& suiv.*
Lesestein, 131.

Lectier, ce que c'est, 206.

Liquation, Ouvrage d'Orchal à confider, 217.

Litharge, 208.

Lotissage des mines, 167.

Lune cornée, 178.

M

MAASSE, ou mesures, 35.

Machine à moulette pour exploiter les mines, 43 *& suiv.*

Machine pour l'épuisement des eaux, 58 *& suiv.*

Manganèse, mêlée avec l'arsénic, colore le verre en bleu, 141, 150.

Marbres, 145. De Blankenbourg & de Langenstein, 355 *& suiv.* Il s'y trouve des pétrifications, 361.

Marne, contient quelquefois des parties arsénicales, 90.

Marteau de Mineur, sa description, 74.

Matte crue, 200, 206.

Matte de plomb, 211.

Mercure, ses mines, 136. Essai de ses mines, 191. Malignité de la vapeur de ses mines, 242.

Métallurgie, les substances qui sont de son ressort, 85 *& suiv.*

Métaux, leur formation, 102 *& suiv.* Pénetrent les pierres à proportion du sel acide qu'ils contiennent, 369 *& suiv.* 374 *& suiv.*

Mica, 150.

Minéraux, quelles substances on appelle

ainſi , 85. Examen du terrein qui en peut contenir, 310 & ſuiv.

Mines , les Auteurs qui en ont traité, 4. Deſcription des terreins qui peuvent en renfermer, 8 & ſuiv. Quelle température de climat eſt plus propre à certains métaux, 11 & ſuiv. Indications de mines, 20 & ſuiv. Leur exploitation, 33 & ſuiv. Comment on y entretient la circulation de l'air, 49 & ſuiv. Comment on en tire l'eau, 58 & ſuiv. Moyens de remédier au feu lorſqu'il y a pris , 65 & ſuiv. Les outils & le commencement du travail, 73 & ſuiv. Comment on y emploie la poudre à canon , 75 & ſuiv. Dans quel cas on ſe ſert du feu , 79 & ſuiv. Comment on les prépare à la fuſion, 158 & ſuiv. Maniere d'en faire l'eſſai, 174 & ſuiv. Comment on précipite le métal, 177 & ſuiv. Façon de traiter les rapaces & les pyriteuſes, 179 & ſuiv. Leur fonte en grand , 195 & ſuiv. Leur travail par le plomb, 205 & ſuiv. Comment pénetrent les pierres, 365 & ſuiv. Comment on peut en produire d'artificielles, 376 & ſuiv. Si elles croiſſent dans la terre, 380 & ſuiv. Se forment journellement , 386 & ſuiv. Peuvent auſſi ſe décompoſer dans la terre , 388 & ſuiv.

Mi pikkel , 138.

Moëlle de pierre , 93.

Montagnes , deſcription de celles qui peuvent contenir des mines , 9 & ſuiv.

Moufettes, si elles sont un poison de la nature des autres, 233 *& suiv.* Comparées à la moisissure du pain, 241. Leur définition, 255 *& suiv.* Se forment surtout dans les mines où le feu a pris, 257 *& suiv.* Le danger de dormir sur l'herbe vient des vapeurs de la terre, 261 *& suiv.* De quoi ces vapeurs sont formées, 263 *& suiv.* Sont cause des différentes couleurs des mines, 265. Il y en a de différentes espéces, 268. Le feu souterrein contribue à les produire, 272 *& suiv.* Leurs vapeurs causent la phtisie, 276. Pourquoi on conseille à ceux qui travaillent dans les mines de manger du beurre, 279. Ces vapeurs ont la même origine que celles de la surface de la terre, 281 *& suiv.* Ne viennent point du dégagement de l'arsénic d'avec l'étain, 293. Il y en a d'uniquement sulfureuses, 294 *& suiv.* Ne changent point le baromètre & le thermométre, 296. Description de celles qui s'allument, 298. *& suiv.* On les imite artificiellement, 299.

N

*N*APHTE, est un bitume, 99.

O

*O*DERSTEIN, mine de fer, 219.
Œuvre, ce que c'est dans les mines, 206.

Oies. Voyez *Gueuses.*

Oolites, 152.

Or, se trouve par préférence dans les climats les plus chauds, 11. Ne se trouve que natif, 109 *& suiv.* N'a point de mines, mais s'attache à certaines pierres, 114. Essai de ses mines, 180 *& suiv.* Dans quel cas ses mines donnent des vapeurs malignes, 243. Peut être déguisé dans une mine de cinnabre, 389 *& suiv.*

Orth, cul-de-sac, 48.

Osteocolle, 90, 346.

P

PAILLOTEURS, leur travail, 83.

Pain, sa moisissure n'est qu'un amas de plantes, 239. Pourquoi elle fait soulever l'estomac, 241.

Pain de liquation, 212.

Percemens dans les montagnes, la maniere de les faire, 66 *& suiv.*

Pétréole, 99.

Pétrifications, 153 *& suiv.* Du régne végétal, 154. Du régne animal, 155 *& suiv.* Leur formation, 384 *& suiv.*

Pierres qui prennent le poli, 143 *& suiv.*

Pierres calcaires, 145 *& suiv.*

Pierres gypseuses, 146.

Pierres à filtrer, 147.

Pierres de touche, 148.

Pierres feuilletées, 149 *& suiv.*

Pierres figurées, 151 *& suiv.*

Pierres susceptibles d'accroissement, 383 *& suiv.*

Piquer, ce que c'est, 205.

Pisolites, 152.

Plomb, se trouve rarement natif, 111. Ses mines, 127 *& suiv.* Comment on le met en grenaille, 174. Essai de ses mines, 189. Comment on le traite, 218. Les vapeurs de ses mines point dangereuses, 244. Preuve de sa formation journaliere, 397.

Plomb d'œuvre, 214.

Poix minérale, 99.

Poudre à canon, la maniere de s'en servir dans les mines, 75 *& suiv.*

Pourpre minéral, 178.

Précipitans par la voie séche & humide, 177 *& suiv.*

Puits à différens usages, comment se font, 35 *& suiv.* Construction de la charpente qu'on y emploie, 39 *& suiv.* Ce que l'on appelle *Puits de jour*, 42 *& suiv.*

Pyrites, utiles dans la fonte des mines, 199. Causent la chaleur des eaux thermales, 327.

Q

QUARTZ, contient rarement des mines d'une bonne qualité, 22. Susceptible d'accroissement, 383.

R

RAPACES, mines, à quelles substances on donne ce nom, 179.

Régne minéral, susceptible d'accroissement dans la terre, 382 *& suiv.*

Rouge d'Angleterre, 401.

S

*S*ALBANDE, 22, 54.

Salpêtre, 95.

Schale-ertz, ce que c'est, 80.

Scharte, 213.

Schirl, 133.

Schlamm, 163.

Schwaden. Voyez *Moufettes.*

Scories, utiles dans la fonte des mines, 200.

Scorifier, ce que c'est, 182.

Sebille, ce que c'est, 13.

Seiffenwerck, 82. Ce que c'est, 126.

Sel ammoniac, 97.

Sel commun, 95.

Sels, leur définition, 94.

Shoads, 82.

Soufflets, maniere de les placer, 202.

Soufre natif, 98. Comment le soufre se tire des pyrites, 224. Opération par laquelle on fait un cinnabre très-beau & très-dur, 284 & *suiv.*

Spath, 33. Gypseux, 146.

Spurstein, 212.

Stockwerk, mine en masse, 28.

Strecke. Voyez *Boyaux.*

Stroffen, espéces de gradins, 53 & *suiv.*

Substances inflammables, 98.

Succin, 88.

T

Talc, 149.

Tamis, on s'en sert lorsqu'on n'a point de lavoirs, 165.

Terre, sa définition, 89.

Terreau, ce que c'est, *ibid.*

Terres bolaires, 91.

Terre d'ombre, 93.

Terre maigre. Voyez *Osteocolle.*

Terre savoneuse, 92.

Test à vitrifier, 168.

Tonleg, 25.

Tonlege, filons obliques, 32.

Tourbe, 101.

Tourniquet, pour commencer à vuider les puits, 37 & *suiv.*

Travaux métalliques, comment se commencent, 34.

Træmmer, vénules des filons capitaux, 29.

Tripoli, 51.

Tuyere, ce que l'on appelle lui faire un nez, 203.

V

Vapeurs. Voyez *Moufettes.*

Végétation, quels métaux sont plus disposés à en former, 248 & *suiv.*

Ventilateur, pour donner l'air frais dans les mines, 49 & *suiv.*

Vitriol, 96. Cause la pénétration des métaux dans les pierres, 370 & *suiv.*

Volcans, leur cause, 273 & *suiv.* 316 & *suiv.* Comment ils prennent feu, 323

& suiv. Contiennent différentes subſ-
tances, 328 *& suiv.*
Wand. Voyez *Schale-ertz.*
Wolfram, 133.

Z

Z INC , 137. Eſſai de ſes mines , 192
& suiv. Travail en grand , 223.
Zin-graupen, 397.
Zin-zwitter, mine d'étain , 125 , 397.

Fin de la Table des Matieres.